拿破仑·希尔
成功学全书

[美]希 尔 著
房 鸣 编译

中国商业出版社

图书在版编目（CIP）数据

拿破仑·希尔成功学全书／（美）希尔著；房鸣编译.
—北京：中国商业出版社，2014.7（2021.12 重印）
ISBN 978－7－5044－8657－8

Ⅰ.①拿…　Ⅱ.①希…　②房…　Ⅲ.①成功心理－通俗读物　Ⅳ.①B848.4－49

中国版本图书馆 CIP 数据核字（2014）第 146995 号

责任编辑：朱丽丽

中国商业出版社出版发行
010－63180647　www.c－cbook.com
（100053　北京广安门内报国寺 1 号）
新华书店经销
三河市宏顺兴印刷有限公司印刷
＊
880 毫米×1230 毫米　32 开　8 印张　193 千字
2014 年 9 月第 1 版　2021 年 12 月第 3 次印刷
定价：29.80 元
＊　＊　＊　＊
（如有印装质量问题可更换）

前言
preface

成功者对成功智慧的看法各有不同：

卢梭说：“当一个人能一心一意去做一件事的时候，他必然会成功。”

牛顿说：“跌倒了，爬起来。这就是一个人最大的成功。”

约翰·洛克菲勒说：“不论是要赢得财富，还是要赢得人生，优秀的人在竞技中想的不是输了我会怎么样，而是要成为胜利者我应该做什么。”

安德鲁·卡内基说：“苦难是金，永远都不要因为自己所受的苦难而抱怨人生。”

……

在通往成功的路上，他们有的是紧追目标，有的是坚持到底，有的是心态赢人，有的是运用创新……不难看出，他们对如何获取成功有不同的见解。

我们盘点这些成功者的人生历程后发现，他们之所以成功，是因为他们像自己所说的那样去做了——这些就是他们所秉承的成功法则。但遗憾的是，他们只能根据自己的经历和经验得出个人的见解。究竟什么才是成功的秘诀，他们莫衷一是。

那么，究竟是什么让一个人成功，有没有让人一定成功的法则呢？自古至今可能有无数人在思考这个问题。直到 20 世纪初，美国人拿破仑·希尔才给出了答案。

拿破仑·希尔访问了包括福特、西奥多·罗斯福、洛克菲勒、爱迪生、贝尔在内的504名当时最成功的人士，并对他们进行深入的研究，最后总结出一套万能的成功法则——任何一个成功者都不会背离的成功定律。据说，他的成功法则让千百万人获得财富，最终成为卓越的成功者。他的成功法则，几乎被世界所有人接受和肯定。

轮船大亨罗伯特·达拉说："如果我在50年前就学到这些成功定律，我可能只需要一半的时间就能取得目前的成就。"

人际学大师卡耐基称赞希尔说："我最大的成就之一，是帮助希尔完成了他的'成功学'，这比我获得财富更重要。他的成功学，是一个'经济的哲学'……它不仅是一个帮助人脱离贫困，实现经济富裕的方法，更是一门帮助人建立完善人格、享受丰盛人生的大学问。"

大发明家爱迪生曾经写信给希尔："我感谢您完成了'成功学'。这是一门很健全的哲学，追随您学习的人将会获得很大的收益。"

事实上，拿破仑·希尔的成功定律的确是万能的，拿破仑·希尔的名字随之变得无人不晓。于是，拿破仑·希尔成了美国乃至世界的成功学创始人和励志专家。

本书从一个成功者的视角，结合当下实际，从拿破仑·希尔的18个成功学定律中提炼出成功要点，用脍炙人口的小故事加以佐证，详细阐释了在希尔成功学理论下最典型、最实用、最有效的成功方法。

希望我们能借用希尔的智慧，引导读者突破人生困境，实现命运的改观，到达成功的彼岸。

编者

目 录
contents

第01章

心态乐观

积极心态成就完美人生

拿破仑·希尔说："成功的关键在于心态。心态积极，能乐观地接受任何挑战，那就成功了一半。"在今天，希尔的话能给我们哪些成功的启发呢？什么样的心态才能让我们顺利博取成功呢？

PMA 黄金定律：积极的心态改变不景气的人生

只要是人的心里所能够设想和相信的东西，人就能用积极的心态去得到它！

——拿破仑·希尔

有这样一类人，他们有着令人羡慕的才华，但在事业上却总是碌碌无为，工作业绩平平；他们满腹经纶，却没有用武之地；他们为成功苦苦打拼，可最终却是铩羽而归。面对不景气的人生，这些人把自己的遭遇归结为命运。可是，真的是命运让我们的人生不景气吗？

到底是什么决定了一个人的成功？这是我对成功学所研究的核心课题。每个人都有不同的看法。在我看来，一个人能否成功，关键在于他的心态。成功者之所以成功，一定会有一个积极的心态（Positive Mental Attitude，简称 PMA）。人们常用 PMA 表示积极心态，它也成了我的成功学中的黄金定律。PMA 黄金定律告诉人们这样一个道理：一个拥有积极心态的人，往往会因为愿意接受挑战，因为漠视一切困难，而成为一个成功者。所以，不是命运让我们的人生不景气，而是我们的消极心态。

仔细观察、比较一下成功者与失败者的经历，我们发现心态会决定一个人的成败。下面的故事可以说明这一道理。

非洲气候炎热，所以那里的人都习惯光脚。先后有两个推销员去那里推销鞋子。

第一个推销员看到那儿的人都打赤脚，很失望，他说：“这些人都打赤脚，怎么会要我的鞋呢?”于是沮丧而归。

另一个推销员见那儿的人都打赤脚，惊喜万分地叫道：“这儿的人都不穿鞋，鞋子市场太大啦。”随后，他想方设法让非洲人购买鞋子。最后，他赚了个盆满钵满。

在这个故事中，一个人灰心失望，不战而退；而另一个人满怀信心，大获全胜。在这里，推销技巧和能力已经不重要了，重要的是有没有一个积极的心态。那些看似不可能的事，当我们用积极的心态去对待时，往往会得到成功的结果。

很多时候，世界会随着心态的改变而不同。因此，当遇见不景气的人生境遇时，要改变现状，不妨先改变自己的心态，这样就会拥有全新的人生。

玛丽的丈夫在美国陆军服役，他长年驻扎在地处沙漠的基地里。这一年经济萧条，玛丽失业了，她决定利用这段空闲到丈夫那里去。但到了丈夫那里不久，玛丽就后悔了。

她身边只有墨西哥人和印第安人，他们不会说英语。当地炎热的天气也让她受不了。

玛丽非常难过，于是就写信给父母，说要回家去。

很快，她父亲给她回信了，但只有一行字：

“两个人从牢中的铁窗望出去，一个看到高墙，一个却看到了星星。”

父亲的这封信让玛丽有所悟。她决定要在沙漠中找到“星星”。

玛丽开始试着和当地人接触，虽然他们不会英语，但她可以和他们用手势交流。渐渐地，她就和当地人成了朋友，当地人把最好的纺织品和陶器送给她。玛丽发现，这儿的手工艺品很不错，在美国非常受欢迎。于是，玛丽就成了当地手工艺品的销售代理人，她开始向大城市贩卖当地的工艺品——她不仅留了下来，而且还找到了一份收入不菲的工作。

沙漠还是那片沙漠，印第安人也没有改变，但是因为玛丽的想法改变了，所以对环境的感觉也发生了变化。这简直太神奇了，一个消极到积极的转变，使玛丽把原先认为恶劣的环境变为一生难以遇见的风景——积极心态的力量不言而喻。

所以，假如我们不幸遭遇人生的阴霾，请用积极乐观的精神控制自己，将内心的悲观失望和消极颓废赶走了之后，就会活出一个不一样的人生。

▼ 希尔成功箴言

持有消极心态的人不可能取得持续的成功，即使取得成功，那也是依靠碰运气取得的，这样的成功是暂时的，如昙花一现，转瞬即逝。所以，我们要保持积极的心态。

选择积极心态，收获全新人生

一切都与心态有关。

——拿破仑·希尔

在挫折面前，有一些人悲观消沉，于是他们就成了失败者；有一些人乐观进取，于是他们取得了成功。面对挫折、失败所持的心态会决定一个人的命运。幸运的是，我们发现了这个秘密：一个人选择了积极的心态，就等于选择了成功；如果选择了消极的心态，结果就只会是失败。

一个人不相信、不愿意，成功也就不可能。心态决定一个人的成败，当遭遇困境的时候，换个角度，人生可能就会不一样。

一位老太太有两个女婿，大女婿家是开染坊的，二女婿家是制伞的。

老太太天天生活在忧虑中。雨天时，因为染坊不能晒布了，她就为大女婿发愁；晴天时，因为二女婿的伞卖不出去，她就为二女婿发愁。老太太因为总是愁眉紧锁，没有一天开心的日子，弄得疾病缠身。

后来，有人开导她说：“为什么不反过来想呢？天下雨，你就为二女婿高兴，因为他可以卖伞了；天一放晴，你就为大女婿高兴，因为他可以晒布了。这样，你不就天天都高兴吗?”

老太太想想这话也对，于是转变了自己的想法，从此天天都乐呵呵的，身体也健康多了。

这个流传于中国的故事足以说明，在很多时候，人生的痛苦不是因为事情本身，而是源于认识事物的消极心态。不管我们遭遇什么样的生活情形，我们只要保持积极的心态，不患得患失，那么生活中处处都是称心如意的事。所以，换一个角度看，就会换种人生。积极的心态让我们拥有良好的生活状态，良好的生活状态是一个人成功的基础。

国王暴政，民不聊生，人民怨声载道。有一位英雄勇敢地站了出来，准备起兵推翻国王的统治。

就在决定起兵的时候，英雄晚上梦见山倒了，鲜花也谢了。于是，他让手下的一个谋士给他解梦。

谋士忧心忡忡地说：“大事不好。山倒了指民众离心，花谢了指好景不长了。”

英雄惊出一身冷汗，于是准备打消起兵造反的想法。

英雄的妻子知道了他的这个梦后，大笑说：“太好了，山倒了就是天下太平了，夫君即将做一件好事了；花谢了就会见果子呀！意思是成功在即呀。”

英雄听后，果断起兵，民众纷纷响应，一举推翻了国王的统治。

英雄成了新的国王，他勤政爱民，将国家治理得很好，成了一代明君。

由此可见，成和败的最大区别是，成功者会从积极的一面看问题，失败者只会从消极的角度看。所以当遭遇困难，遇到不如意的时候，请换个角度，从积极的方面去看待生活中的种种不如意，这样，就会获得不一样的人生。

我也曾列举过一些消极心态，诸如：

（1）愤世嫉俗，认为人性丑恶，时常与人为忤，因此缺乏人和；

（2）没有目标，缺乏动力，生活浑浑噩噩，犹如大海漂舟；

（3）缺乏恒心，不晓自律，懒散不振，时时替自己制造借口去逃避责任；

（4）心存侥幸，空想发财，不愿付出，只求不劳而获；

（5）固执己见，不能容人，没有信誉，社会关系不佳；

（6）自卑懦弱，自我压缩，不敢信任本身潜能，不肯相信自己的智慧；

（7）或挥霍无度，或吝啬贪婪，对金钱没有中肯的看法；

（8）自大虚荣，清高傲慢，喜欢操纵别人，嗜好权力游戏，不能与人分享；

（9）虚伪奸诈，不守信用，以欺骗他人为能事，以蒙蔽别人为雅好。

要知道，上述这些消极心态会像恶魔一样阻碍着我们的成功之旅，另外，还有两种心态足以“阻延”和“拖垮”我们的行动：

（1）过分谨慎，时常拖延，不能自我确定，未敢当机立断；

（2）恐惧失败，害怕丢脸，不敢面对挑战，稍有挫折即退。

显然，这两种心态，使人意气消沉、态度消极，即使具有成功欲念，也无胆量、勇气进行下去。因而，也不会相信自己真正有成功的一天。

一个被“消极心态”困扰的人，纵然嘴里可能时常在念叨成功，但就是不能成功，因为他们心中充满恐惧，这些恐惧让他们泯灭了成功的灵气。

不可否认，人生中不可避免地会产生恐惧现象，因为人是不可能停止思考的静物。人类通常具有以下七种基本恐惧：

（1）惧怕贫穷；

（2）惧怕批评；

（3）惧怕疾病；

（4）惧怕失去爱；

（5）惧怕年老；

（6）惧怕失去自由；

（7）惧怕死亡。

其实，这些都是消极的心态，深藏在潜意识中，直接影响着我们的成功。如果潜意识中充满这些消极因素，而自己又没有决心去克服它们，那么生命就只能永远“不由自主”地

"呈现"这种状态。

▼ 希尔成功箴言

很多时候，人生的失败源于认识事物的消极心态。所以，不管遭遇什么样的困境，我们都要保持积极的心态，不患得患失，那么生活中处处都是称心如意的事。

乐观是获得成功的不竭动力

富豪是如何产生的？那就是有资金，有成功的计划，再加上积极的心态和主动精神……

——拿破仑·希尔

乐观不等于傻乐。乐观不是对成功可有可无的态度，乐观的情怀更多体现在失败之后还对成功有着很高的信任度。乐观的人往往会朝前看，会因为相信成功而看淡失败。乐观能产生一种力量。

乐观者在做一件事的时候，哪怕是很难的一件事，哪怕是没有成功的希望，他们还是满怀斗志地去做。在乐观者的眼里，人生没有什么不可能，他们总是充满前行的能量。那么，为什么乐观者会有干劲，会获得成功？我们总结了这样一条法则：乐观是人生成功的动力，拥有乐观的心态，会给一个人的事业发展增加强劲动力。很多人问我："乐观真的会产生这样强大的力量吗？"我的回答是："一定是！"

英国著名的心理学家哈德·菲尔德在谈到积极心态对人产生的力量时说："我做了这样一个实验：我用三个人来测试心理变化对生理产生的影响。在三种不同的情况下，我让这三个人用全力握住测力计。在清醒状况下，他们每个人的平均抓力只有100磅。当他们被催眠后，抓力就变成了29磅——这是正常体力的三分之一。第三次测试时，我告诉他们我在给他们催眠，并给予了他们能量，他们的平均抓力居然达到140磅。事实证明：当人们心中充满积极有力的思想时，抓力多出将近一半。所以，积极的暗示会产生力量。"

这足以说明，力量的大小不只是由体质决定的，心理也会对其产生影响。成功人士离不开积极乐观的心态，因为他们拥有乐观心态，才使得他们具有超出常人的力量去应对困难，有力量博取成功。

在老约翰的六个儿子中，约翰是最矮的一个。约翰很矮，但他能在网球竞技中成为人人追捧的明星。

有人或许会说，作为网球球员，身高是很重要的，一寸长，一寸强。约翰没有足够的身高——甚至和普通人相比，他都是个"二等残废"。那么，是什么促使他选择网球的呢？又是什么让他成为一个网球明星呢？

原来，约翰的成功主要归功于乐观的心态。

约翰从小就很喜爱网球，可因长得矮小，他第一次拿起球拍的时候，还没有球拍高。要知道，那时他已经12岁了。这是多么可怕的事。伙伴们都瞧不起他。有一天，他伤心地问妈妈："妈妈，我还能长高吗?"

妈妈鼓励他说："约翰，你不仅能长高，而且还会长得很高很高，会成为人人都知道的大明星。"从此，约翰就一直认为，自己绝不会一直这样矮，一定会长高的。

"既然自己还能够长高，那就不用担心什么啦。"约翰放心了。他明白，作为一个职业球员，一定要有精湛的球技。于是，约翰开始苦练网球技术。在约翰看来，把球技练好，自己也长高了，也就能进入全美网球联赛了。

可是后来约翰发现，自己不能再长高了。但这时，身高对他来说已经不重要了，因为在大学网球联赛的赛场上，人们看到他凭借自己的灵活性和大力有效的扣球，驰骋整个美国网球联赛。

约翰成功了，他多次被评为最佳球员。当有记者问他："你这样矮，是什么让你选择一项高个子才会有优势的运动?"

约翰回答说："因为我不相信自己会一直这样矮。"

个子矮没能让约翰沮丧，而是积极地认为自己能长高，所以，他成功了。假如约翰早早地就断定自己不能再长高了，那么，他可能就不会选择这项运动了，他的网球天赋也会被埋没，他可能会成为一个庸人。

由此看来，世界上之所以平庸者居多，主要是因为他们悲观地看待自己所遭遇的困境，在困难面前早早地就泄了气，所以只有接受失败的结果；而有些人遇到困难时，他们会用积极的心态看待自己所遇到的困难，用“我一定能成功!”“这一定有办法解决”“事情不会这么糟糕，应该有转机”等积极的意念鼓励自己，让自己充满前进的力量，所以，他们才能不断进步，直至成功。

▼ 希尔成功箴言

如果总是用否定的心态看待自己的遭遇，就会感到沮丧。用积极的心态看待自己的遭遇，就会满怀信心。所以，乐观是我们获取成功的力量。

心态积极，人生就不会有绝境

自己的命运自己主宰，任何困难都不会阻拦一个人的成功。

——拿破仑·希尔

请求一个喜欢拖拉的人办事，最有效的办法就是不停地催促他，不然，事情很长时间都办不了，最终得个死结。皇帝不急太监也不急，这是人们都知道的经验。人很多时候都是在和命运较量，而命运就是一个喜欢拖拉的东西，我们不急命运也不急，只有将积极心态注入自己的命运中，命运才不会有死结。

所以在心态积极的人眼里，世上没有什么让自己遗憾的事，更没有所谓的绝境。因为他们知道，命运从来都是公平的，不会让一个人在绝境中死去，除非这个人自己绝望。因为上帝关上一扇窗，必然会为你打开一道门。失败的人只会为关上的那扇窗而悲伤，在悲伤中失败；成功的人会为打开的那道门而欢喜，并在欢喜中成功。所以，在我看来，一个人能否成功，关键在于他眼里是“有了道门”还是“没了扇窗”。

在一次海难中，两位幸存者被海浪冲到一个荒岛上。

荒岛上长满了野果。甲满怀信心对乙说：“太好了，我们至少不会饿着肚子等待救援了。”于是开心地品尝着野果。

乙满脸忧虑，他对鲜美的野果没有任何食欲，而是悲观地说：“冬天就要到了，野果没了，我们迟早会被饿死的。”

很快，荒岛上的野果越来越少，乙绝望极了，开始给家人写遗书。而甲搭了一个小茅屋准备过冬，并开始储存食物。

每天，他们都希望经过的船只能看见他们并搭救他们，可是一天天过去了，很少有船只经过，即使有一两艘货船从远方驶过，但无论他们怎么呼喊，就是没有人发现他们。

一天，当他们找食物回来时，发现刚建好的小茅屋起火了，所有的食物也都烧毁了。

刹那间，乙的精神彻底崩溃了，晕倒在地，再没有醒过来。

甲也显得很沮丧，但他相信，救援的船只可能在看到这浓烟滚滚后，会来救他。

第二天早上，轮船的声音唤醒了甲，这艘船是来营救的。

“你们一定是看到了浓烟才知道我们被困在这儿了吧?”他问营救者。

“是的，我们看到了浓浓的烟，便一刻不停地往这边赶来。”营救者们回答。果然，那场几乎让他绝望的大火救了他。

就这样，返航的救援船上多了两个人：一个乐观者和一个悲观者，只不过一个是活人，一个是死人。

人生没有绝境，很多时候，上帝在关上一扇窗的同时，会为我们打开一道门。就像故事中的两个遇难者，遭遇海难，但是会有避难的小岛；虽然只是荒岛，但岛上有他们充饥的野果；当一切都没有的时候，就会来一艘救援的船。所以，我们没有必要为自己所遭遇的困境而伤心。因为人生没有让自己绝望的路，只有让自己绝望的心。无论遭遇什么样的困境，只要保持积极的心态，凡事往好处想，就能够从中发现新的契机，从而走出困境。

▼ 希尔成功箴言

无论遭遇什么样的困境都不要绝望，因为在每一个困境后面，总会有另类的美好。也许，在困难的旁边，上帝早已为我们准备了机遇，只看我们有没有能力去发现。

第02章

明确目标

找准方向才能做对事情

拿破仑·希尔说：“如果一个人没有目标，就只能在人生的路途上徘徊，永远到不了胜利的终点。”可见，目标是成功的基础。一个人只有懂得确定自己的人生目标，并能紧紧抓住目标，才能以更快的速度获得成功。

目标能引导我们走向成功

通过明确的目标和明确的计划，构想可以变为现实。

——拿破仑·希尔

生活中有这样一些人，他们有敢拼敢闯的精神，有超强的能力和人脉，有雄厚的资金。这些人看似拥有了成功所需要的全部潜质，可遗憾的是，在成功的路上往往成了输得最惨的一群人。究竟是什么原因让这些人无缘成功呢？我所给的答案是："没有目标，结果只能是失败；先设定目标，然后才能成功。没有目标，不可能发生任何事情，也不可能采取任何步骤。如果一个人没有目标，就只能在人生的路途上徘徊，永远到不了胜利的终点。"

很早以前，皮色纳四周都是茫茫沙漠，与世隔绝，如果凭着感觉往外走，皮色纳最有经验的沙漠旅行者，也只会在沙漠里转圆圈——永远不会走出这个地方。因为这个地方只能进不能出，所以，皮色纳的人很少有人走出去过，这里也成了一个与世隔绝的世界。

后来，一位退役的军人发现，只要沿着北斗星的指引就会成功走出大漠，走出皮色纳。人们这才找到了通往外面的路，从那以后，皮色纳人看到了外面的世界，因此有了全新的生活。

人们之所以走不出皮色纳，是因为四处的沙漠没有可以参照的东西，而这位军人找到方向的参照，他成了皮色纳的开拓者。后来，人们把他的铜像竖在皮色纳这座小城的中央，在铜像的底座上刻有这样一行字：新生活是从选定方向开始的。

走出皮色纳的关键，不是它的开拓者有多大的勇气，也不需要他有多强的能力，办法其实很简单——找一个方向，然后沿着这个方向走就可以了。通往成功的道路又何尝不是这样呢？先为自己设定一个方向，然后朝着这个方向前进，就会到达成功的目的地。

布鲁克是TC集团总裁，他有这样一个习惯：把近期要实现的目标写在卡片上，然后放在上衣口袋里，每天按照卡片的记录去完成一些事。

因此，人们总会看到布鲁克在口袋里装满了写上目标的卡片，当他每实现某个目标，就取出那张卡片。人们看到，布鲁克年轻的时候就这样做了。今天，他已经是得克萨斯州最成功的人。

很多人向布鲁克请教成功的秘诀，但当人们听了布鲁克的做法时，大都不以为然。

布鲁克有一位朋友是做保险的，和其他人不同的是，他非常相信布鲁克的秘诀，因此，试着按照布鲁克的做法，在每个月开始的时候，将自己的推销目标写在卡片上放在口袋里，然后用最大的努力去现实。

“你获得了什么样的结果呢?”一段时间之后，有人问他。

他回答说：“你能相信吗? 营业额比原先正好增加了一半。如果没有按照布鲁克教我的方法，我的业绩可能是全公司最差的，但他的方法让我拥有了从来没有过的积极态度，我的能力好像提高了不少。总之，我现在的业绩仍在持续增长中。”

布鲁克的方法让他朋友的业绩得到了巨大的增长，其实，方法很简单，就是事先设定目标，然后完成它。可见，成功并没有那么难。如果研究一下世界上的一些成功者，我们可以发现他们在做事前都会有一个明确的目标，他们会沿着目标去做，直到实现这个目标。所以，我经常告诫我的学员：“正确的心态只是成功战略的第一步，一旦打下了基础，你就可以在上面建筑了，而目标则是构筑成功的砖石。”

其实，早早为自己设定目标，不仅是界定追求的最终结果，它的作用具体体现在八个方面：（1）目标让我们做事更有积极性；（2）目标让我们看清自己的工作使命；（3）目标让我们做事时分清轻重缓急；（4）完成目标的渴望能激发我们的潜能；（5）目标让我们有效地把握现在；（6）目标有助于评估工作的进展；（7）目标让我们提前规划工作和生活，预防意外发生；（8）目标让我们快速实现工作成果。

我在《思考致富》一书中曾这样告诫读者：“一个人做任何事情都要有一个明确的目标，这样才会有奋斗的方向——这是获得财富的诀窍。”所以，学会为自己设定目标吧，这样，成功就会在不远处等着你。

▼ **希尔成功箴言**

一个人若想拥有成功，首先要确定通向“成功”的方向，这个方向就是目标——一个明确的目标是所有行动的出发点，也是行动的终点。

树立正确的目标，才会得到自己想要的

生命的意义，在于不断实现人生的目标，在于不断提升人生的目标。

——拿破仑·希尔

有这样一句话：我们能不能走得远，看我们和谁同行。是的，与我们同行的人决定了我们的行程。那么，是什么决定了我们人生的目的地呢？那就是目标。我认为，一个人有了目标才知道要往哪里去，但这个目标必须是正确的，只有找准了方向，才能让自己走向成功的道路。正确的目标是一个人行动的标杆，假如将成功比喻成目的地的话，要成功就必须给自己“选个地点”。

有一个年轻人，头脑虽然聪明，但大学毕业很多年了依然

没有找到合适的工作，他来求教我，让我给他指点迷津。

我了解了年轻人的情况后问："我可以帮你找个工作，可你喜欢什么样的工作呢？"

年轻人说："这就是我找你的目的呀，说实话，我真的不知道自己喜欢做什么。"

我说："那就让我们来看看你的目标吧，10年以后你希望自己成为什么样的人呢？"

年轻人想了想，说："好！我希望自己有一个待遇优厚的工作，工作几年之后能有钱买一栋好房子。当然，我还没有想好自己该怎么去做。"

"没有目标就不好办了。"我对他说，"你没有目标，就像你跑到航空公司对售票员说'给我一张机票'一样。你不说去什么地方，售票员无法卖给你票。所以，我只有知道了你的目标，才能帮你找到工作。但目标只有你自己才知道。"

"一年后，我想当总统——我就用这作为我的目标吧。现在你可以告诉我该怎么做了吧。"年轻人说。

我笑了，说："年轻人，不光要有目标，目标还要正确呀，依我看，你在一年后当总统恐怕很难做到，你这个目标是错误的。人生不仅要有目标，而且还要正确，这样，对我们的人生才会有促进作用。"

或许是我的话让年轻人重新考虑了自己的人生目标。接着，他和我讨论究竟什么才是自己的职业目标，在谈了两个小时后，他终于明白：出发以前，要有目标，并且目标是正确的，这样才能到达终点。

于是，年轻人按照自己的特点，给自己拟定了一个切实可行的目标。很快，年轻人找到了适合自己的工作。

若干年之后，那个年轻人不仅因为优厚待遇而买了一栋好房子，还成了一家公司的主管。

和这个年轻人一样，每个人都非常渴望成功，希望过上自己理想的生活，但在这之前，请先想一想，自己的目标在哪？目标是不是适合自己？人生就是一场旅行，如果旅行者把方向弄错了，不仅到不了目的地，说不定还会走进死亡谷。只有目标正确，人们才能做对事，才能得到自己想要的结果。

有位旅行者走到一处农田，发现水田里新插的秧苗排列得很整齐，就像用尺量过一样，但他看见在田里插秧的农夫并没有用什么工具。因此，旅行者很好奇，就问田里的农夫是怎么做到的。

农夫没有说话，只递给他一束秧苗，让他自己插插看。

旅行者脱下鞋袜，卷起裤管下到水田里插秧，当他插完一排秧苗回身一看，发现自己把秧苗插得歪七扭八，一点儿也不整齐。

“为什么会这样呢？”旅行者问农夫。

农夫告诉他：“在插秧的时候，眼睛的余光要盯住一样东西，这样，你就能插出一列整齐的秧苗。”

旅行者按照农夫的说法去做了，奇怪的是，这次插的秧苗还是弯曲的。

旅行者又向农夫询问原因，农夫问他：“你是否真的盯住了一样东西呢？”

旅行者答道："我真的盯了，您看到了吗？那边那条吃草的水牛就是我的目标！"

农夫笑着说："我的先生呀，水牛边吃草边走，所以你插的秧苗就跟着它移动。你插的秧苗整齐才怪呢！"

旅行者终于明白了其中的道理，于是，他重新拿起一束秧苗，这次他终于整整齐齐地将它们插在水田里了。他这次之所以能够成功，是因为他一直盯着田边的一棵大树。

很多时候，人生的经历就像插秧，要是没有正确的参照，结果一定会很糟糕，更不会得到自己想要的结果。一个人要是没有正确的目标，就像"无舵之舟，无缰之马"，很难掌控自己的人生。所以，无论一个人的学历有多高，能力有多强，这都不能让他百分之百地走向成功，因为目标才是人生成功的最大保证。那么，一个人如何才能给自己树立一个正确的目标呢？我认为树立正确目标应遵循以下5个法则。

（1）一定要分清楚目标和目的的区别。

（2）意识到，目标越高远，人的进步越大。所以，我们在切合实际设定目标的同时，要注意目标高远。

（3）人生的大目标不要求详细、精确，但一定要有明确的方向。

（4）在制定目标时，目标既要高出我们的水平，又要具有可操作性。

（5）中短期目标应具体明确，有时间限定。

▼ **希尔成功箴言**

如果不能确定一个正确的目标，在通往成功的道路上，就会像一只没有头的苍蝇一样，四处碰壁。有了正确的目标，就找到了通往成功的方向和路线。

学会选择目标：抓住离自己最近的那一个

我所做的是大事业，这也是我当初的决定与计划。

——拿破仑·希尔

在我的成功学定律中有一个“就近原则”。举个例子说：几个人在果园中比赛摘苹果，在规定的时间内看谁摘的苹果个数最多。假如想赢得这场比赛，只要选择摘离自己手最近的苹果就可以了。

很少有人理解我这个比喻的真正含义。所以，在一个人有很多选择时，或者眼前有很多目标时，常会面临这样一个问题：自己该抓住哪个目标才更有胜算呢？

在一场水灾中，妻子和孩子同时落水，丈夫只救起了妻子，他们年仅十岁的儿子被洪水冲走了。

看到这个家庭的不幸遭遇，周围的人都对他们表现出了同情。但是，人们开始争论这样一个问题：丈夫为什么不救自己的儿子呢？因为妻子已经年过四十，而孩子还很小。再说，妻子没有了，可以再娶一个，而孩子却不能。

一个心理学家听了这件事后，也很想知道丈夫当时是怎么想的。于是，他找到了这个丈夫，想当面问个究竟。

了解了心理学家的来意，丈夫用悲痛的语调答道："洪水袭来，当时的情形万分危急，我根本来不及想先救谁，看到妻子离我最近，我就伸手抓住了她。当我返回时，儿子已经不见了，他被洪水冲走了。"

说到这，丈夫流下了眼泪。

"很多人埋怨我们夫妻狠心丢下了年幼的孩子，可有谁知道，孩子离我太远了，要是去救他，说不定一个人都救不回来——至少我救回了妻子。"丈夫最后说。

"是呀，毕竟你从洪水中救回了妻子。"心理学家安慰他说。

面对两个亲人同时落水，先救谁？这是一个让很多人难以抉择的问题，但是，这位丈夫给出了答案：救离自己最近的那一个。面对洪水，丈夫紧紧抓住离自己最近的妻子，这是最现实和明智的，同时也是最有效的。如果他放弃近处的妻子而去救远处的孩子，最后可能一个人也救不了。丈夫的选择是正确的，因为稳稳地救回一个胜过失去两个。

这位丈夫在无意中告诉我们一个成功的定律：当我们面对众多目标可以选择的时候，抓住离自己最近的目标，才有可能体现出最大的价值。其实，摘苹果的秘诀也告诉了我们这样一个道理。因此，我们不妨记住：太高的奢望和不切实际的目标，对我们而言是没有价值的。只有把握好最近的目标，付出才可能有回报。

▼ **希尔成功箴言**

达到自己的目标，除了取决于个人的努力、坚持和勇敢以外，还需要去选择正确的方法。因为正确的方法让成功实现得更快些。

实现目标的技巧：将大目标分解

一旦确定了目标，应尽一切力量去实现这个目标。

——拿破仑·希尔

生活处处都蕴含着获得成功的智慧，就看我们能不能触类旁通。一个大苹果，一口吃下去，智障者都知道那会噎死自己的。但是，很少有人因此不去吃苹果，因为大家都知道，一口一口地吃就能顺利地将苹果吃下去。然而，人虽然不会因此放弃一个硕大的苹果，却常会因此放弃一个巨大的成功。很多人在遇见一个大的目标时，往往会因无法“下咽”而放弃，从而放弃成功。他们不会用吃苹果的办法去解决问题。

面对一个巨大的目标，很可能会因为实现这个目标难度太大而放弃。如果我们能把这个目标分成一个一个的小目标来实现的话，那么实现这个目标就容易多了。我认为，运用“目标分解”法可以完成一个看似不可能完成的目标。这种方法能让一个人离成功越来越近。所以，很多成功人士都善于运用这种方法去解决问题。在一次励志课上，我对我的学员说了这样一个故事：

有一个孩子，每逢学校长跑比赛，他都很难坚持下来。

他的父亲对他说：“我看你该多去锻炼一下了，这样吧，从明天开始，我们一起去爬山，练练你的体能吧。”

“好的，爸爸，我试试看吧。”男孩说。

第二天早晨，父子两个来到郊外，父亲指着一个山头说：“看见没有，今天我们就爬这座山，你看有什么问题吗？”

男孩一看山很高，一下就胆怯了：“爸爸，这山太高了。凭我的体力是不可能爬上山顶的。”

“是吗？山确实很高，看样子对你来说是有点难，要不这样吧，我们先爬到那棵大树那里，这应该没问题吧？”父亲指着半山腰不远处的一棵大树说。

男孩说：“到那儿肯定没问题。”

于是，父子俩结伴而行，很快他们就爬到了大树下。男孩正准备歇歇脚，父亲建议说：“能不能忍一下，等我们爬到那块突出的岩石那再休息，怎么样？”

尽管这时男孩已经累得气喘吁吁了，但他看到要走的距离并不远，就说：“好吧。”

于是两个人很快又爬到了那块突出的岩石那里。

就这样，每次要到目的地的时候，父亲都会再指出一个新的目的地。奇怪的是，男孩也都顺利地到达了。

不知道经过了多少预定的地点，忽然父亲对男孩说："孩子你看，我们到了什么地方了？"

男孩放眼一看："啊，原来我们在不知不觉间已经爬到了山顶！"

男孩高兴地在山顶欢呼雀跃。

父亲问男孩："刚才，你为什么觉得自己无法爬到山顶呢？"

男孩回答说："我看到山那么高，心里就害怕了，对自己就没有了信心，所以觉得自己爬不上来。"

"可是，事实是你现在就站在山顶上呀！"父亲说。

男孩回答："在爬山的时候，可能我根本就没有去想爬到山顶，我只想爬到你说的那个离我最近的目标。"

父亲笑着说："其实，很多事就像爬山，假如目标太大，对其产生畏惧的心理是很正常的。这时，最好是将你要做的事分成一个个小块，因为完成一个小目标比完成一个巨大的目标要容易得多。长跑时你不能坚持到最后，不是你的耐力不够，而是你不懂分解目标的技巧呀。"

男孩高兴地说："您说得很有道理，下次我参加长跑比赛时也可以试试这个办法。"

几个月以后，学校又举行大规模的长跑比赛，男孩第一次跑完了全程，并且取得了不错的成绩。

这位父亲通过一次爬山给儿子上了人生的重要一课，让儿子明白了一个大的目标必须分成一些小的目标来完成的道理。在此后的日子里，男孩按照父亲教的这种方式，把自己任何长远的目标都分成了若干个小目标来完成，每一秒钟都对自己的未来充满了信心，不断地完成阶段性的目标，取得小胜利，一步一步离最终目的越来越近。

一个大的目标往往是由很多小目标组成的，一个小目标很容易完成。一个看似难以完成的目标，当我们把它看成很多小目标时，完成它就变得容易多了。所以，不管我们遭遇多大的难题，都不要被它吓倒，学会分解它，然后各个击破，这样就赢了。

▼ 希尔成功箴言

如果我们的力量太小而目标太大，实现它太难。这时，我们千万不要被它吓倒，学会把大目标分解成若干个具体的小目标，然后逐一完成它，这样实现大目标就变得简单多了。

第 03 章

积极主动

做事态度决定人生高度

为了人生的成功，我们该拿出怎样的做事态度呢？拿破仑·希尔提出：“一个人不管从事什么样的工作，积极主动才能做得更出色。”希尔告诫我们，成功者不会在慵懒中等待成功，而是懂得主动采取行动。

成功需要立即行动，拖延就会遭遇失败

优柔寡断会使人对一些事情失望，然后把惩罚强加在自己身上。

——拿破仑·希尔

成功与否，要看你“会不会”；会了，还要看你“做不做”；做了，还要看你做得“快不快”。很多时候，成功就像抢一块百米比赛的金牌，能不能快速起跑，是你能不能拿到这块金牌的关键。在我的成功学中，我把这种获取金牌的能力叫作“立即行动”。

汤姆·霍普金斯平均每天能卖出一幢房子，这样的销售纪录至今无人打破。因此，很多人向他请教成功秘诀。

一次，有人问他：“请问，您获得了如此大的成功，能告诉我您的秘诀吗？”

“马上行动！”汤姆回答。

“那您告诉我，当您遇到困难时，您用什么方式去处理它呢？”

“马上行动！”汤姆笑着回答道。

“当您遇到困难的时候，您怎样去克服它呢?”

“马上行动!”

“在未来，假如您的事业遭遇发展瓶颈，您准备如何突破?”

“马上行动!”汤姆依然微笑着回答道。

……

“马上行动!”“马上行动!”……

对于成功秘诀的请教，汤姆只有这四个字。

或许你和那个提问者一样，对汤姆这样的回答感到很失望，但是，这就是成功的秘诀，只不过你不懂得利用这个秘诀而已。

在诸多成功者眼里，“马上行动”是最有效的成功法则。我一直认为，行动和速度是成功的关键。成功者必须做到马上行动、决不拖延。

在今天，成功往往就是一场速度战，时间是无比宝贵的，如果我们不能抢在别人的前面行动，别人就会把我们甩在后面。

1923 年，艾尔弗·雷德·斯隆任通用汽车公司总裁。斯隆年纪不大，却有一种敢闯敢拼的精神。为了能充分满足消费者，斯隆高瞻远瞩，做事雷厉风行，在他就任总裁后，马上加快新产品的开发。

当时与通用汽车公司同驻底特律的，还有美国最大的福特汽车公司，总裁埃兹尔是老福特的长子，他以年轻企业家的敏感，嗅到了斯隆的创新意识。于是，埃兹尔和技术人员重新设计了一种T型车。当埃兹尔喜滋滋地把这种新车拿给老福特看时，不料被固执的老福特完全否定。

老款式的T型车，曾获得“廉价小汽车”的名声，广受美国民众的欢迎。对于老福特来说，T型车是他的神话，是他梦想得以实现的载体。T型车承载的是他的辉煌，他不许任何人向它挑战。

老福特愤怒地对儿子说：“T型车销售得很好，我不打算开发什么新车，拖一拖再说吧。”

但是老福特可以愤怒地压制儿子，却无法阻止通用汽车公司的总裁斯隆。1925年，通用公司推出了崭新的雪佛莱。新车问世的当年，就逼得福特汽车的市场占有率从57%下降到45%，次年又滑落到40%以下。

埃兹尔再不能看着公司的销售业绩继续下滑，而如果要上马研制开发新型汽车，必须先征得福特公司的董事长老福特的首肯，于是埃兹尔语气委婉地写了一份备忘录，呈送老福特，再次探讨车型问题。尽管备忘录充满对老福特敬意的话语，但老福特还是看出了奉承词句背后的极度不满。于是，趁埃兹尔赴欧洲考察和度假之机，老福特撤掉埃兹尔总裁的职位，将他轰出了公司。

福特公司研制开发新车型的计划被搁置起来，一拖再拖。

老福特再固执，也不能无视T型车销量的猛烈下滑。没有办法，他只好采用削价的方式来刺激消费者。然而，消费者的口味变了，削价已失去了往日的效力，并没有挽住T型车销量下滑的总趋势。

不能再拖了，老福特也不得不承认这一点，于是他又重新组织技术人员研制开发新款汽车。直到1927年10月，一辆新A型车，从福特的装配线上开下来，加入了汽车行业的新竞争。

可惜晚了！通用汽车公司凭借新款雪佛莱，抢占了大部分本应属于福特公司的市场，通用汽车公司与福特公司打了一场漂亮的时间差之战。

而这一次老福特拖拉不决的决策，是他辉煌一生中的一次严重失误。等于他自己拱手让出了得来不易的市场份额，自己亲自给通用汽车公司的崛起添砖加瓦。

在很多时候，我们已经具备了知识、技巧、能力、良好的态度与成功的方法，却不能成功，很可能就是因为我们的行动速度不够快。很显然，拖延就意味着失去机会，只有立刻去做，才能将成功的机会牢牢地把握在自己的手里。

▼ 希尔成功箴言

不找任何借口、不找任何理由，绝不拖延的人才能得到成功女神的青睐。成功也要手快和腿快，马上行动，这样才能抓住机会，获得成功。

要成功，再难也不要找借口

放手去做，全力以赴，别管“能不能”。

——拿破仑·希尔

有人统计，从第二次世界大战至今，西点军校培养出来的董事长有1000多名，还有许多高级管理人才，他们都分布在世界500强的企业里。

人们因此会问：为什么一个军事学校能培养出如此多的企业精英，他们在西点军校里学到了什么？于是，人们开始研究西点军校，研究者最后得出6个字：没有任何借口。

原来，西点军校奉行的行为准则就是“没有任何借口”，其内涵是要求学员想尽办法去完成任何任务，哪怕是一项不可能完成的任务，也不能有任何借口。在西点军校，寻找任何借口，哪怕是拿出了最合理的借口，都会被视为开脱自己、推卸责任的托词。

说实话，在我的成功学中有和西点军校相同的成功法则，在我看来，成功的人会没有任何理由、不带任何借口地努力圆满地完成任务，直逼目标而义无反顾。其实际意义就是“没有任何借口”，我和西点军校在这一点上不谋而合——这或许是天意，也足以说明成功法则的共性。

的确，要成功就不要有借口，巴顿将军的故事充分说明了这个道理。

一次，潘兴将军命令巴顿将一封重要的信送给豪兹将军。但巴顿并不知道豪兹将军在哪儿。关于豪兹将军的唯一一个信息是，他已通过普罗维登西区牧场。

虽然所知道的情况还不足以找到豪兹将军，但军令如山，巴顿没有说什么，他在天黑前就赶到了西区牧场。在那里，巴顿碰到己方的运输队，于是要了两名士兵和三匹马，顺着这个连队的车辙前进。

往前走了一段，巴顿遇到了己方的部队，这是一支侦察巡逻兵，刚从前线撤回来。他们告诉巴顿，千万不要再往前走了，因为前面的树林里就会有敌人。但巴顿没有听，继续往前走。

夜里，巴顿又遇到己方的一支骑兵巡逻队。他们对巴顿说，前面峡谷里到处都是敌人，让他千万不要往前走了。巴顿向他们打探豪兹将军的踪迹，巡逻队告诉他，他们也不清楚豪兹将军的踪迹。

尽管不知道豪兹将军所在的具体位置，但是巴顿仍继续前进。

几天之后，历经艰辛的巴顿最后还是找到了豪兹将军，将潘兴将军的信交给了他。

就这样，巴顿完成了别人不可能完成的任务，成就了一则永远传颂的战地佳话。

在寻找豪兹将军的过程中，巴顿绝对有借口为保全自己的性命而返回，但是巴顿没有，正是这种“没有任何借口”的精神，才让巴顿成长为一名伟大的将军。

成功总是属于那些不找任何借口的人，而失败者通常是制造借口与托词的专家。失败者总能想出各式各样的理由为自己辩解。“做起来难度太大了”、“客户不配合我有什么办法”、“我实在太忙，把这件事给忘了”、“时间太短了，怎么可能完成”，等等，听上去好像是合情合理的解释。殊不知，再完美的借口，都是对自己不负责任的开脱。

事实上，有多少人因为借口而耽误了自己的前程！有多少人因为借口而错过成功的机会！

罗斯是公司里的金牌销售员，业绩一直名列前茅。有人说，在不久的将来，他一定会成为公司的销售总监。

有一次，他负责公关的一笔业务被竞争对手抢先拿走了。因为是竞争不力失去了这笔业务，但事后为了维护面子，罗斯向上司解释说是因为自己的腿伤发作，自己比对手晚去了半个小时造成的。上司知道罗斯很有才能，工作一直也很卖力，而且腿也是因当年出差伤的，所以上司相信他的话，并未对他有任何责备之意。

后来，罗斯看到腿伤是他推卸责任的好借口，于是一碰到难办的业务就找借口能推就推，好办的差事能争就争。更可怕的是，自己的业务一旦没有按照公司的要求完成，他就找出种种借口为自己开脱。慢慢地，找借口成了他的习惯。

一年后公司按绩效实行裁员，罗斯被公司辞退了。

借口可能会让人在面子上好看一些，但却是一个平庸的原罪。所以，当遭遇了困难，或者自己没有完成某项工作的能力时，请先不要给自己找推卸责任的理由，而是专心去找解决问题的方法。能取得成功的人，绝不是他们都有超凡的能力，他们最大的特点就是：遇事只为成功找方法，绝不为失败找借口。

▼ 希尔成功箴言

喜欢寻找借口是对责任的推脱，会在不经意中抹杀了本该属于自己的成功。所以，成功者做事情，不管困难有多大，都会义无反顾去执行。

主动做分外的工作，会有意外的成功

人生有时很奇怪——当你一切准备就绪时，机会却不见踪影。所以，人生的一切是靠自己竞争得来的。

——拿破仑·希尔

身边一个头脑不太灵活的老实人有了好运，人们往往会感叹："吉人自有天相。"言下之意，比他聪明的都没赢，一定是老天在帮助他。其实，天助不如自助，成功本没有路，做的事情多了，也就开辟了一条成功的路。

显然，成功需要多做事，只有多做事才能积累成功的经验。如何多做事呢？在做好本职工作的同时，不妨做些分外事。在现实中，"各人自扫门前雪，不管他人瓦上霜"的工作方式是有违成功之道的。其实，工作往往是没有固定界限的，只要我们看到的，都有解决的责任，所以，主动是一种良好的工作品质。主动做分外的工作，不仅是责任的担当，更是获得成功的路径。所以，在一个成功者的眼里是没有分内事和分外活儿之分的。在他们看来，分内的工作只是自己的一项本职工作，如果自己完成了本职工作，也可以担负一些额外的责任。精明人知道，做一些分外的工作，有可能会获得意外的成功机会。

露丝是我居所附近沃尔玛连锁超市的打包员，她每天的工作就是将顾客买到手的商品打包，然后再由电脑控制的传送带运送到顾客的面前。为了提高超市在顾客心中的服务质量，让顾客每次都愉快地离去，她利用自己所学的计算机知识设计了一个程序，把一些“欢心物语”输入计算机，再打上好多份，在每一份背面都签上自己的名字。第二天她给顾客打包时，就把那些写着温馨有趣“欢心物语”的纸条打到买主的购物包中。

在短短的两个月内，超市的主管发现近段时间，超市的购物量大增，并且还出现了一个有趣的现象：那就是无论白天还是晚上，在露丝的收款台前总是排着一条长长的队伍。于是，负责协调的领班很不理解，为什么大家都放着短的队伍不排，要排在这支很长的队伍后面？于是大声对顾客说：“大家到其他收款台的短队后面去排队，请不要都挤在一个队上。”可是没人听他的话，其中有个顾客喊道：“我们都排露丝的队，我们想要她的‘欢心物语’。”

三个月后，老板就将露丝从一个打包员升为超市营销部科员。而她独创的“欢心物语”也在整个沃尔玛流行开来。

现在，露丝已经是销售部的经理了。

可以看出，露丝设计“欢心物语”的程序，并不是她的本职工作，也不会因为提高服务质量而提高每月的薪水，然而，正是由于她为超市做了一些额外的事情，吸引了顾客，提高了超市的营业额，赢得了老板的认可而被提升。如果露丝只是本本分分地做着打包员的工作，每天把顾客的物品打包完毕就算完成任务，那么她永远都只是一个超市里毫不起眼的打包员，永远被人们忘记在一个小角落里。

不可否认，每个人的工作都是十分明确的，每个人都有不同的分工，做好自己分内的事情是每个人必备的工作素质，但是要想赢得成功，仅仅局限于做自己分内的事情是远远不够的。所以，有些人之所以成功，不只是局限于做好了自己分内的事，在自己分内的工作之外比别人多做一点，这样才能取得成功。

▼ 希尔成功箴言

事实上，当我们放下自己的身段，多承担一些分外的工作，我们会受益无穷，因为承担的工作越多，说明自己的价值越大。试想，一个具有巨大价值的人离成功还会远吗?

只有失败的态度，没有卑微的工作

光靠空想而不付诸行动，你就会永远到不了自己想去的地方！

——拿破仑·希尔

从卑微到伟大一定有一段台阶，只有从第一个台阶开始的人，才能迈上最高的那个台阶。这就像登山，要想到山顶看到奇异的风景，必须老老实实地从山脚开始往上爬。走在山脚下的确没有登上山顶荣耀，但不走山脚下的路就不可能有山顶上的欢呼。

莎士比亚说："一份卑微的工作是要用一个高尚的心态去忍受的，一件最卑微的事情往往指向最伟大的目标。"这句话说明无论从事什么样的行业，要想去赢，就不要轻视自己的工作，哪怕它是一份卑微的工作。因为工作的本身是没有成败之分的，有成败之分的是工作的态度。

的确，世界上没有注定让一个人失败的工作，因为只要我们肯放下那颗高贵的心，通过自己的努力奋斗，同样可以把卑微的小事，做出让人羡慕的成绩。

所以，我提出："只要是工作，就要用一种很谦卑的心去努力，去用心把它做好，做完美，这样就能获得意想不到的成功。"

罗布·洛克琼斯出生在美国佛罗里达州一个贫穷的单亲家庭，他创立了世界上唯一一个黑人教育中心。他不仅是黑人运动领袖，而且打碎了奴隶制的枷锁，为他自己和他的种族带来了巨大的希望。

他总是教育自己的黑人同胞从最卑微的事情做起，教育他们如何在一些白人看不起的行业里学会生存的本领。最终，罗布·洛克琼斯成了美国教育史上不可忽视的一位伟大的改革家和教育家。

在他年轻的时候，他在煤矿从事挖煤工作，邻居经常嘲笑他，说他"天生是一个干苦力的"。每当听到这样的话，罗布·洛克琼斯总会很认真地纠正说自己不仅仅是个挖煤的，而是给佛罗里达州带来温暖的天使。在寒冷的冬天，每次透过窗户看到人们围着火炉高兴的样子，他都为自己是一个挖煤工而感到骄傲。

矿山老板罗纳家里缺一个服侍罗纳太太的佣人，虽然罗纳太太对用人要求非常苛刻，但罗布·洛克琼斯还是决定去服侍罗纳太太。于是，罗布·洛克琼斯由一名挖煤工变成了佣人。邻居们又嘲笑他说："看，我们的苦力变成家奴啦。"罗布·洛克琼斯听到后笑笑说："罗纳太太对我很满意呀，我现在是她一个人的天使。”

的确，因为罗布·洛克琼斯工作很出色，罗纳太太很喜欢这个年轻人。为了报答罗布·洛克琼斯，罗纳通过自己的关系，让他每天下午去吉尼普顿学院听一个小时课。

就这样，洛克琼斯从一个苦力、家佣开始了全新的人生。最后，他成功了。

从洛克琼斯的身上，可以看到没有什么样的工作能让我们感到卑微。我们应该看到，在一些极其平凡的行业中，在极其低微的岗位上，常常蕴藏着巨大的“宝藏”，只要肯降低自己的身价，即便从事的工作再卑微、岗位再不起眼，也能找到属于自己的成功。由此可见，无论我们正在从事什么样的工作，要想获得成功，就不要轻视自己的工作。

在职场中，好岗位、好工作人人都想获得，那些所谓“卑微琐碎”的工作很少有人接受。其实，人生的大忌之一，就是总在抱怨自己的工作是卑微的、低人一等的，从而看轻或忽视自己所从事的工作，在工作中挑三拣四、敷衍塞责，这样的人一辈子都不会成功。

如果现在从事着一份比较卑微的工作，在短时间里也没有改变它的能力，那么，正确的做法就是放低自己的姿态，把头压得更低一点，把腰弯得曲一点，抱着一种任何卑微的事情都可以做得高尚的心态，这样就会获得成功。

▼ 希尔成功箴言

无论我们正在从事什么样的工作，要想获得成功，就不要轻视自己的工作。始终怀着一颗高尚的心去做事情时，离成功就不远了。

第 04 章

直面挫折

苦难是成功的垫脚石

在成功的路上常会遇到各种障碍或挫折，遭遇很多困难或失败。有人因不幸畏缩不前，所以他们成了失败者；有人不怕失败、敢于直面失败，所以他们成为成功的人。所以，“直面挫折”被拿破仑·希尔总结为成功学定律之一。当下，遵从希尔的成功学定律，我们该用什么样的态度面对人生的挫折呢?

苦难是上帝的礼物，是成功最好的激励

时间会证明你的付出没有白费，在未来的某一天，它会全部回报给你！

——拿破仑·希尔

在中国有这样的说法：刚刚出生的婴儿总会有几声啼哭，所有的孩子也都是一个声音，像是汉语中的“苦呀，苦呀”。有人说，这是在出生之前上帝对他的告诫：“做人必须有苦。”所以，才会有那样的啼哭。有人说，苦难是上帝的礼物。一切都有因由，上帝给予人们苦难一定有他的道理。

在人生的旅途中，如果一个人做事总是一帆风顺，那么他就会极易安于现状，从而失去斗志，但当一个人遭受苦难之际，为了摆脱厄运，他会调动起全身心的潜在能力相抗争，从而有所成就。所以，人生必须要苦难相伴。

有很多人被问及自己成功的根源时，他们会说：“是苦难打造了我，是毅力成就了我。”从某种意义上说，是苦难造就了成功。伊索因此说：“如果你受苦了，感谢生活，那是它给你的一份感觉；如果你受苦了，感谢上帝，说明你还活着。人们的灾祸往往成为他们的学问。”

我对人生的苦难也有自己的看法：“成功者往往懂得直面

挫折，所以，学会了如何面对人生的痛苦，从另一个角度看，也就是获得成功的智慧。”

生活免不了让我们遭受痛苦，但大师们教会了我们应对苦难的智慧。在他们的眼里，苦难是成功最好的激励。

米哈伊尔·罗蒙诺索夫是俄国大学者，他出生在俄国北部库尔岛上一个小渔村里。

罗蒙诺索夫的父亲是个目不识丁的渔民，叔叔舒伯纳是教堂里的执事，是个有文化的人，罗蒙诺索夫小时候只能跟他学识字。

自古成功多磨难，而他的磨难是特别的多。罗蒙诺索夫的生母在他很小的时候就去世了，继母对他还不错，但她很快也因病去世。不久，父亲给他娶了第二个继母，第二个继母对罗蒙诺索夫不好，可以说得上是歹毒心肠。她不仅咒骂罗蒙诺索夫，还阻挠罗蒙诺索夫学习，罗蒙诺索夫就是在继母的咒骂和阻挠中学完《识字课本》的。

然而，在地处荒野的渔村里，罗蒙诺索夫想要继续学习很难，因为他找不到一本合适的课本，但天无绝人之路，有一天，他在邻村的杜金家发现了两本好书，可遗憾的是，小气的老杜金却不肯把书借给别人。

老杜金家有两个孩子，他们和罗蒙诺索夫的关系很好，两个天性顽皮的朋友对他说：要是他敢在村口的坟地上一个人过一夜，那他们就把书借给罗蒙诺索夫。罗蒙诺索夫毫不犹豫地答应了。

当晚，罗蒙诺索夫带上棉被，瞒着家人一个人到坟地上过夜去了。因为一心想着得到那两本书，他忍受着寒冷的狂风和上下蹿动的瘆人磷火，在坟地里睡了一夜。

第二天，罗蒙诺索夫如愿地得到了那两本书。

很难想象，罗蒙诺索夫就是在这样艰难的条件下想方设法地寻找学习资源，寻找着继续学习的机会。

这一年，罗蒙诺索夫带上邻居借给他的一点钱，经过一个多月的长途跋涉，只身来到莫斯科求学。

当时，莫斯科学校是为贵族子弟开设的，不招收罗蒙诺索夫这样的贫民孩子，这对历经千辛万苦而来的罗蒙诺索夫简直是一个致命打击。

幸运的是，学校的教务主任是瓦尔诺索夫神父，他是一个正直又很有学问的人，当他得知罗蒙诺索夫想来上学时，就让他背诵一首赞美诗。

当听完罗蒙诺索夫熟练的背诵，神父惊喜地说道："资质这样优秀的学生，在我们学校还不多呢！"

于是，爱才的神父决定帮帮罗蒙诺索夫，他向校长谎称罗蒙诺索夫是贵族出身，于是，罗蒙诺索夫顺利进入了莫斯科最有名的学校，但是，困难也随之而来。

因为罗蒙诺索夫是个大个子，加上衣着破旧，样子又土头土脑。那些贵族子弟个个披着羊皮袄，所以他在同学当中十分显眼，更显得有些另类。同学经常拿他开心，还给他编了一个顺口溜："大个子，大傻瓜，大头大脑大嘴巴……"

其实，遭遇同学的取笑还不是罗蒙诺索夫最难受的，最难受的是饥饿。因为父亲拒绝负担他的生活费用，他一天的口粮只是一块面包加一杯饮料而已。因此，他经常是饥饿难耐。

但所有的困难并没有阻止他迈向成功的脚步，就在忍饥挨饿的状态下，罗蒙诺索夫排除一切干扰，刻苦学习，在学业上有了超常的进步，让人刮目相看。

罗蒙诺索夫在这所学校共学习了五年，以优异的成绩毕业，又被派送到彼得堡最高学府——彼得堡科学院深造，最终成为举世闻名的化学家。

事实就是这样，不能忍受挫折和战胜困难的人，只会是一个失败者，而能忍受得住挫折、忍受得住失败、忍受得住痛苦的人，往往才是成功的人。成功者会把苦难看成磨炼，他们把苦难当成激励自己前进的原动力，他们在苦难中鼓起生活的勇气，学会战胜困难的方法，在苦难中磨炼自己百折不挠的意志，使自己变得越来越坚强，进而到达胜利的彼岸。

▼ 希尔成功箴言

要获得成功，就要学会感谢苦难，因为苦难教会我们坚强、忍耐、勇敢、承受……这是获取成功的力量。所以，从某种意义上说，逃避苦难才是失败的原罪。

不服输，才有赢的希望

从某种程度来说，坚持也许会是个错误，但坚持时间过短或根本就不坚持则是更大的错误。

——拿破仑·希尔

不服输体现的是一种坚韧精神。这种精神让生命充满弹性和力量。不服输是一个人在挫折和失败面前的态度。一个人要是在输了之后就不再为赢而努力的话，就不可能有赢的可能。这是浅显的道理，不服输的价值就在于此。

我发现成功人士都有这样一个特征：在成功之前，往往都遭遇过非常大的挫折，在外人看来，事情本应该放弃了，但他们却在坚持，最后他们成功了。所以，人生的光荣不在永不失败，而在于能够屡败屡战。也就是说，成功的人不是从未失败过，而是在失败之后，甚至是多次失败之后还能够积极地往成功之路不断迈进。

菲尔德想从海底铺设一条连接欧洲和美国的电缆。毫无疑问，电缆要穿过大西洋，这是一个十分浩大的工程。

铺设工作开始了，但随后却遭遇了前所未有的困难。

他用英国旗舰“阿伽门农”号和美国新造的豪华护卫舰

"尼亚加拉"号来铺设电缆，但是不成功，不是电缆被卷到机器里面断了，就是电缆里没有了电流。有一次，轮船突然发生了一次严重倾斜，差点翻了船。

大大小小的事故不胜枚举，这让人们对从海底铺设电缆产生了怀疑，但菲尔德依旧相信事情一定会成功。于是在一片反对声中，他不仅订购了700英里的电缆和新的铺设机器，而且还聘请了一位专家，重新制订铺设计划。

可是，电缆的铺设工作依然不顺利，依然是老问题，不是电缆断了就是电缆里没有了电流。

随后，可怕的事情发生了，有些投资者不愿再投资了。只有少数投资者看到菲尔德为此日夜操劳，因为可怜他，才决定再给他一次机会。

老天有眼，这次尝试出人意料地顺利，全部电缆铺设完毕，没有任何中断，几条消息也通过这条漫长的海底电缆发送了出去。可是好景不长，就在大家准备庆功的时候，电缆电流又突然中断了。

这时候，除了菲尔德外，所有人都感到了绝望。没有人再给他投资了，但菲尔德仍然坚持，他又找到了新的投资人，可是，接下来迎接他的依然是失败。

所有的投资人都不愿意再给机会了，于是，这项工作就耽搁了下来。失败似乎并没有难倒菲尔德，第二年，他组建了一个新的公司，重新找到了投资人，继续从事这项工作。

在铺设电缆的过程中，不知经历了多少次失败，但菲尔德都挺过来了。1866年7月，电缆顺利接通，菲尔德发出了世界上第一份横跨大西洋的电报，内容是："7 月 27 日。我们晚上 9 点到达目的地，一切顺利，感谢上帝！电缆都铺好了，运行完全正常。菲尔德。"

菲尔德先生的经历是充满挫折的，但他的精神是可贵的，取得的成绩是辉煌的。在我们一生中常会遇到或大或小的很多挫折，这一点谁都无法避免。在挫折面前，成功者一定不会被吓倒，他们敢于直面挫折，把它当作是成功对自己的考验，并坚强地继续走下去。因此，挫折成为成功者可贵的财富，成为他们成功的垫脚石。因此，在困难和挫折面前，是否具备百折不挠的毅力，在某种意义上，可以说是区别成功与失败的标志之一。

▼ 希尔成功箴言

人生从来就没有真正的绝境，不服输的人才有希望。如果始终在绝望的边缘徘徊，请别放弃，再为自己加一加油，也许就是这最后的拼搏会给自己带来奇迹。

逆境不是一个人平庸的理由

要了解打倒自己的不是挫折，而是面对挫折时所持的心态。让自己在每一次不如意中都能发现和挫折等值的积极面。

——拿破仑·希尔

我身边的人不是每个都是成功人士，他们大都是平庸的人。我奇怪地发现，这些平庸一生的人到老时会这样给自己找理由："条件太差了，所以我成不了大事"，"生活太苦了，所以我很难抓住成功的机遇"……这些人把逆境看成了成功的拦路虎。其实，这都不是一个人平庸的理由。

人的一生不可能是风平浪静的，遇到坎坷和困难是常有的事，但如果就此倒下，注定是一个平庸的人。在困难面前望而生畏，会彻底地堵塞通往成功的大路，而在困难面前知难而进，我们就会找到通向成功的捷径。所以，成功的道路往往漫长而坎坷，需要我们忍耐、坚持和奋斗。能成功的人，都是在逆境面前永不放弃，坚持到底，勇于拼搏的人。所以说，生活的苦和难，不是平庸的理由。

无数的事实证明，人之所以能成功，往往都是源于对逆境的征服。德国哲学家尼采因此说："不仅要在必要的情况下忍受一切痛苦，而且还要喜爱一切痛苦，因为痛苦是人生前进的动力。”

今天的詹姆士已经很成功了。不仅纽约的公司日进斗金，他还是美国物流协会的会长，可以说功成名就。但是，詹姆士的成功之路可谓是一路坎坷。

很小的时候，詹姆士家里的顶梁柱祖父就不幸去世了，因为父亲整天酗酒，不知道怎样操持这个家，于是家里的生活也越来越困难。

穷人的孩子早当家。为了给家里人减轻负担，在每天放学后，詹姆士都要到码头边去捡煤屑卖钱补贴家用。

詹姆士十岁的时候，父亲生病了，家里日常生活都很难维持，更没有钱给父亲看病。父亲生病时也在工作，詹姆士常常看见父亲嘴里吐着鲜血而无钱医治，这个悲惨的场景深深地印在了詹姆士幼小的心灵里。

不久美国经济危机爆发，家祸国难让詹姆士一家的生活雪上加霜。为了生存，一家人居无定所，颠沛流离，过着忍饥挨饿的日子。最后，他们辗转逃到纽约，一家人这才算有了一个较为稳定的住所。可是父亲的病越来越重了，为了省钱给父亲治病，母亲常去集贸市场收集菜叶子当作家里一天的口粮。尽管这样，父亲还是因为长期得不到治疗而病入膏肓，父亲 40 岁时就离开了人世。父亲去世后，家里只剩下孤儿寡母。

1930 年的美国到处都是失业的人，就是大人也很难找到一份稳定的工作，更不用说孩子了。母亲依靠手工活每天只能赚几角钱，这样无法养活一家好几口人。

因此，詹姆士急切地想帮助母亲承担家庭生活的重负，他跑遍了纽约所有的大街小巷找工作。一家货场的老板看他可怜，就让詹姆士在货场里当个搬运工。

货场搬运工是一份辛苦活，是专门装卸货物的，每天天不亮就开始搬运那些沉重的货物，一直营业到午夜还不能休息，是一份很繁重的工作。不用说一个未成年的孩子受不了，就是一个大人也会感到非常劳累。但是詹姆士想到自己的母亲和弟妹，还是咬牙硬挺了过来。

詹姆士在货场里一干就是两年，后来，他辞掉了这份工作，从事仓储管理工作，随后投身到物流中去。再后来，詹姆士以实干的精神，步步为营，成为纽约众所周知的物流大王。

假如我们把自己和詹姆士进行一番对比，可以说很少有人比他遭受的苦难更多。假如把自己的平庸归罪于苦难，那实在是不太高明的借口。平庸的理由很容易找到，但换一个角度看，平庸的理由也是自己成功的理由，关键是怎么看自己所遭遇的那些事。很多时候，逆境确实可以让意志薄弱的人陷于怨恨、消沉和灰心的情绪中不能自拔，甚至完全屈服于逆境；但对于意志坚强的人来说，逆境会激励他们，让他们有所作为。正所谓“艰难困苦，玉汝于成”，只有在逆境中不气馁、奋勇当先的人，才能开辟出通往成功的道路。

▼ 希尔成功箴言

任何人，不管他从事何种技艺，如果没有忍受酷暑、严寒、饥渴和其他种种逆境的能力，就不能在该项领域中超凡出众、卓越非凡。

第05章

不断进取

成功需要超越现状

成功者会清楚地看到自己的不足和成长的极限，随即就会努力突破这些极限，克服不足。所以拿破仑·希尔说："成功者就是通过这样循环不断地超越，不断自我修炼，让自己逐渐强大起来，直至到达辉煌的人生巅峰。"

保持进取精神，你就是成功者

我成功，因为我保持成功的力量。

——拿破仑·希尔

我经常说，一个人能不能进步，关键是看他想不想进步。就像站在台阶上，是上是下，完全由他自己决定。往上走，他就会站得更高、看得更远。进取心是一个人自我提升的原动力，是胜利完成一项工作的心理保障。因为当一个人有了进取心，他就会对自己能力的提高、知识更新的追求有着强烈的欲望。它可以使我们的思维更活跃，知识更渊博。所以，有进取心的人也往往会比其他人得到更多的成功机会。

我聘用了一位年轻的女士当助手，所做的工作就是替我拆阅、分类我的私人信件。有时，也回复部分信件，只是她听我口述来书写信的内容。她的薪水和其他从事相类似工作的人相差无几。

有一天，我说了一句话，并要求她用打字机把它打下来，这句话是："记住：你唯一的限制就是你自己脑海中所设立的那个限制。"

她把打好的纸张交给我时，她说："你的这句话使我获得了一个想法，对你我都很有价值。先生，我会按照你说的去做。”

我并没有在意她的这番话，但从那天起，我看到，她开始在用完晚餐后还回到办公室来，做一些不是她分内而且也没有报酬的工作。

作为助手，她甚至把写好的回信送到我的手上，让我检查。

信是按照我的风格写的，因此，所有回信跟我自己所能写的完全一样好，有些甚至比我写得还要好。她的工作能力超过了很多人。

这天，我的私人秘书要辞职了，我一下子就想到这位助手。在我看来，她是属下人员中最好的一个职员。

因为助手办事效率太高了，因此也引起了其他人的注意，我还没来得及将秘书的职位给她，已经有人开始提供比秘书更高级的职位了，高级职员的薪水是她当我助手时的四倍。

进取心让这位助手成长为高级职员，更重要的是，在她身上，进取心让她保持了愉快的精神。所以，不管目前是从事哪一种工作，不妨多做一些分外的工作，这是一个人练习、发展及培养更强烈进取心的一种方式，也是一个人杰出的最好选择。所以，我说：“我成功，因为我保持成功的力量。”“保持成功的力量”就是拥有进取心。的确，如果你对成功有着一种执着的信念，对成功有着一种强烈的愿望，那么终有一天你会成功，否则，你就会被淘汰。

我的老朋友霍尔的公司新跳槽来一名业务员，他一直认为自己很优秀。到公司的第一个月，他拜访了10位客户，成交了5位，成交量达到了50%。在其他公司，这样的成交量已经是很高的了。

他找到霍尔向他夸耀自己的业绩，没想到却遭到了霍尔的批评，说他有一半的成交量被竞争对手抢走了。

业务员听后，立即找到了另外5位当时没有成交的顾客，并说服他们下了订单。没想到霍尔还是不满意，说他根本不知道自己的下一位客户在哪里。

业务员接连两次受到了训斥，于是更加努力地投入到工作中去。接下来的一个月，他接连拜访了11位客户并全部拿下了订单。这下他以为霍尔会满意了，没想到得到的答复却是他被开除了。因为其他业务员的成交量都在他之上，他是公司的最后一位。

霍尔之所以能够取得今天的成就，就在于一种不断进取、永不满足的精神，并把这种精神灌输到每一个员工的头脑中。霍尔就曾多次告诫自己的员工："工作要付出100%的热忱、100%的努力。能完成100%，就不完成99%，虽然仅有1%的差距，但正是这1%，不但会反映出你对工作的态度、作风，而且也会彻底改变你的人生。"

如果做出一点成绩就满足了，那么只会平庸一辈子。很难想象一个思想平庸、不思进取的人会建立不朽的功业。因为积极进取和满足现状是相对应的，一个容易满足的人很容易失去前进的动力，他的人生也就只能止步于此了。

▼ **希尔成功箴言**

有进取心的人会不断充实自己、提升自己，使自己的人生价值得到最大的实现。在那些成功者的身上，往往都有一种强烈的进取欲望，所以他们能成就人生的伟业。

不满足是实现自我的动力

一头吃饱了的狮子会慵懒地蜷曲在丛林中，而只有半饱的野兔会在草原上跳跃不止。

——拿破仑·希尔

社会在进步，人也要随着进步，不然就会跟不上时代的步伐。所以，一个人千万不要觉得自己学得够多了，拥有的足够用了。因为昨天的获得，会被时间化为乌有，只有不断提高自己，才能保持优势，才能获得优势。一个人如果始终拘泥于一种思考方式、一个固定的位置，满足于当下的生活状态，那么，他就会成为井底之蛙，看不到更广阔的空间，得不到更大的发展。

在一次培训课上，我这样去诠释人生。

我在黑板上画了一幅图：一个人站在一个圆圈中间。接着，在圆圈中画上了房子、汽车和他的一些朋友。

我对学员们说："站在圆圈中间会让你们觉得很舒服。这个圆圈里面的东西对你们也是至关重要的，因为这里有你的住房、你的家、你的朋友，还有你的事业。站在这个圆圈里你会觉得自在。现在，谁能告诉我，当你跨出这个圈子后，你会遭遇什么？"

一位学员说："我会害怕。"

另一位说："可能会出错。"

这时，我说："当你害怕，或者是犯错误了，其结果是什么呢？"

有个学员大声答道："增加了我的胆量，从中会学到东西。"

我说："是的，你不会再惧怕什么了，你还会从错误中学到东西。当你离开'舒服区'以后，你会学到以前不知道的东西，你增长了见识，所以，当你跨出来以后，你就进步了。"

我转向黑板，在原来那个圈子之外画了个更大的圆圈，还加上些新的东西，如更好的车子、更大的房子，等等。我的意思是，一个人跨出的圈子越大，他收益的就越多。

"如果满足于现有'温床'，你就永远无法扩大你的视野，永远无法学到新的东西。只有当你跨出'温床'这个舒服区以后，你才能使自己人生的'圆圈'变大，你才能把自己打造得更杰出。"我对学员说道。

在那次培训课上，我意在告诉学员：人所生活工作的环境就是一个圆圈，在这个圆圈里，因为熟悉和习惯，也因为拥有了一些东西，所以自己觉得这是个不错的区域，乐在其中，很少有人愿意离开这个区域，但如果不走出这个舒适区，人生的圆圈就只能那么大，自己得到的只会是那么多，见识也就那么少，只有勇敢地跨出自己的舒适区，才能拓宽自己的视野，也才能得到更多的东西。

一个成功的人总善于和自己较劲，以期达到新的人生状态。他们用永不满足的态度去面对这个世界，从而能让自己从弱者变成强者，从贫穷走向富裕，从失败走向成功。

我在杂志社工作的时候，一次，一个好朋友去看我。我带着朋友到一家豪华的大饭店去用餐。朋友说："都是老朋友了，随便找个地方吃点就行了，何必这样破费呢？"

我对他说："我承认，我的薪水不高，但一有机会，我还是带朋友来这里，因为到这个地方来，你才会发现自己和优秀者的差距有多大。你只有到这个地方来，才有机会看到那些成功人士的生活，你才会努力改变自己的现状。如果你只是去中等饭店，会觉得自己还有优势，这样就会不思进取的。"

有时候，人要学会比较，这样才能不满足自己的现状，才会有改变自己、提高自己的动力。如果满足自己已经取得的现状，就不会有所成就了。

约翰是美国某铁路公司总经理，很少有人知道，他刚到铁路公司时，只是一个三等列车上的工人，周薪只有十美元。因为工作努力，他很快被提拔为管理制机的工人，一周能拿十二美元。

一天，有个老工人告诫他说："不要以为做了管理制机的工人就觉得了不起。告诉你，你想当车长，还得有很长一段路要走。到那时，你才可以趾高气扬，享受一周一百美元的待遇。"

没想到约翰满不在乎地说："难道做车长就是我的目标吗？我还准备做公司的总经理呢！"

当下，社会竞争日趋激烈，只有不断提升自己，才能有足够的能力去顺应社会的进步，才能应对对手对自己的超越。如果满足现状，不思进取，那么，不仅不能维持现状，还会被对手超越，被社会淘汰。所以，聪明的人往往不敢满足现状，他们始终在勤奋努力，保持进取心。

▼ 希尔成功箴言

不满足是成功的动力，有了这个动力，就能够克服所有的困难，不断提升自己，不断改变自己，实现自我价值。因此，不满足的性格正是成功的保证。

不要丢掉成功的野心和欲望

成功的野心和欲望是创造和拥有财富的源泉。

——拿破仑·希尔

成功的野心和欲望是创造和拥有财富的源泉。人一旦拥有了这一野心和欲望，并经由自我暗示和潜意识的激发后形成一种信心，这种信心便会转化为一种“积极的感情”。它能够激发潜意识释放出无穷的热情、精力和智慧，进而帮助我们获得巨大的财富与事业上的成就。

一个人若想成功，一定要有获得成功的野心和欲望，但遗憾的是，这一点被很多人所忽视。事实告诉我们，只有敢于亮出欲望的旗帜，敢于着手于欲望的行动，才有可能走向成功的道路。

法国富翁巴拉昂去世之后，在《科西嘉人报》上刊登了一份特别的遗嘱：

“和很多人一样，我曾经也是个穷人，但是上帝眷顾，就在我走进天堂的时候，我成了一个有钱人。我即将离开人世，在法兰西银行有我一个私人保险箱。保险箱有3把钥匙，分别在我的律师和两位代理人手里。里面有我的致富秘诀，现在，就请大家猜猜：‘穷人最缺少的是什么？’谁能猜到我的秘诀，谁就能得到我的100万法郎。”

遗嘱刊登后，报社收到很多信件。很多人认为，穷人最缺少的就是钱。还有些人认为，穷人缺少的是机遇，还有说是技术、靠山、关爱等。答案各式各样。

但遗憾的是，这些答案都不对，一个叫蒂勒的小女孩猜对了答案：把自己变成富人的野心。

电视台为蒂勒举行了颁奖仪式，在颁奖的时候，主持人问蒂勒：“你是怎么想到这个答案的？”

12岁的蒂勒回答说：“我姐姐每次把她的男朋友带到家的

时候，都警告我说：不要有野心！所以我认为，野心就是让人得到自己所想的东西吧！”

奇怪的谜底轰动了整个欧洲，一些人恍然大悟：不是吗？野心就是成功的起点，穷人之所以贫穷，就是因为缺少强烈的野心呀！

在欧洲，这个真实的事例一度引起了不小的震动，震动超出法国，波及欧洲很多的地方。那么，野心是不是能造就成功呢？带着这个疑问，好事的电台记者就此话题采访了一些好莱坞新贵和其他行业几位年轻的富翁，这些人都毫不掩饰地承认，野心是所有成功的萌发点，是获得成功的特效药。某些人之所以贫穷，就是因为缺乏野心，没有想要成功的欲望。强大的野心和强烈的欲望可以让人施展全部的力量，野心会让人更有激情、更有奋斗的精神，那是实现梦想的一个推动器。

诚然，不想当将军的士兵不是好士兵。所以，积极状态下的野心和欲望可以使一个人的力量发挥到极致，会在追求成功的道路上不断进取，永不放弃。野心和欲望可以让一个人有信心和力量去排除前进道路上的障碍，所以，不管什么时候，我们都应该保持一份野心和欲望。

▼ 希尔成功箴言

当你有足够强烈的欲望去改变自己命运的时候，所有的困难、挫折、阻挠都会为你让路，欲望有多大，就能克服多大的困难，就能战胜多大的阻挠。

第 06 章

充满激情

人赢在一股心气

一般人认为，就个人而言，成功需要一个聪明的脑袋，但事实上，聪明并不是第一位的，更重要的是自身要有激情，因为人赢就赢在心气上。心理学研究表明：做事要有激情，这样才会让我们有旺盛的精力和斗志。

热情是成功的原动力

只要是自己能够想象到的，你都有能力做到！按你的想法去做……你将会获得成功。

——拿破仑·希尔

相亲约会，想给中意的人留下好印象，约会前必然要打扮一番，但这还不够，见到对方，还要表现出自己的热情。仅仅有仪表没有热情，对方就会认为你对他（她）没好感，谁会中意一个对自己冷脸的人呢？所以约会往往会失败。人生中的很多事和相亲一样，光硬件好还不够，假如缺乏热情也是不行的。

我告诉我的学员："热情不仅是待人接物的良好态度，它还是一种激发自身潜能的巨大力量，是成功不可缺少的情怀。"的确，如果一个人在做事时缺乏热情之心，那么无论做什么事情都不会顺利地完成。如果以一颗热情的心去博取成功，事情往往会出现意想不到的成功。所以，充满热情是很多成功人士的成功秘诀。

玫琳·凯是美国最成功的商界女强人之一。1963 年，她开办了自己的公司——玫琳·凯化妆品公司，现在年零售额为几亿美元。有很多人认为她一定掌握了成功秘诀，但玫琳·凯给出的答案却是这样简单：“有人说我是天生的销售人才，其实，只是因为我十分热爱这项工作而已。我的一些同行比我更有才能，但他们的销售额却没有我多，这是因为我比他们具有更多的热情。”

是热情成就了玫琳·凯的成功，正是她保持对工作的热情，才使得她成为全美最成功的女性之一。热情让人走向成功成为很多成功人士的共识，物理学家爱德华·亚皮尔顿就这样说过：“我认为，一个人想在科学研究上取得成就，热情的态度远比专门知识更重要。”

那么，我为什么肯定热情对成功的巨大作用呢？我研究发现，充满热情的人有着巨大的战胜困难的能量。当一个人充满热情时，对事会有高度热忱，会有满腔抱负，会摆脱“我很差”、“我不能完成”等消极的观念。这些人的抗压能力很强，做事有一股闯劲，往往能够做出非凡的业绩。

在杂志社，琼斯小姐被公认为最成功的杂志销售员。但是，琼斯小姐的杂志销售才能不是与生俱来的。

当初，琼斯小姐刚从学校毕业时，一无所有的她只身来到纽约，她想找一份图书销售的工作，因为她很喜欢这份工作，但由于她缺少工作经验，面试了好几次都没有成功，“我们需要熟悉销售流程的员工，你现在还不太符合我们的条件，以后有机会我们再合作吧……”她得到的总是这样让人沮丧的回答。

这次，应聘她的是我，为了不至于让自己太尴尬，琼斯小姐自己说道："我想找一份图书销售的工作，但我缺少工作经验……"

"看得出来你很有热情，而且你身上有一股闯劲。"我看了她的简历后这样说道，"我需要的就是你这样的人！到我们杂志社做事吧。"

"可是我真的没有经验。"

"有热情一切都会有。"我说。

就这样，琼斯找到了一份自己喜欢的工作。

可能是她始终记着我说过的"有热情一切都会有"这句话，因此在工作时总是投以最大的热情。几年之后，她因为能将杂志卖到美国的任何一个角落而成为杂志社最好的销售员，这或许正印证了我的那句话："有热情一切都会有。"

热情是一种情绪的表达，但它却是一个人生命运转中最强劲的力量，它能让你获得你想要的东西。如果你对所做的工作和事业拥有热情，那么，无论工作多么艰难，你也会想方设法去克服，并快乐地工作着，这样，获得成功也就容易多了。

▼ 希尔成功箴言

热情就是能产生这样一种神奇的力量，只要你拥有它，即使你有一些不足，也会得到弥补，因为"有热情一切都会有"。你一定要热情，否则，再有才华也会一事无成。

面对风险，敢于放手一搏

事前考虑清楚，可是一旦到了该行动的时候，就要毫不犹豫，放手一搏。

——拿破仑·希尔

成功的道路上充满了风险和不确定性，有些风险一旦成为现实，足以导致更为严重的后果，这往往比不成功更可怕。所以，有些人为了保险起见，往往会放弃对成功的追求。我发现，这种对风险的畏惧心理很大程度上成了一个人成功的障碍，所以我认为：“成功需要有一定的勇气。”

事实上，我们想赢得自己希望得到的东西，就不得不承担一定的风险。所以，遇事敢于放手一搏，敢于做决定的人往往能紧握命运的缰绳。正如爱迪生所说：“不要试图用嘴巴证明你是什么样的人，你是否有成就在于你能不能有行动的习惯，一种是畏首畏尾，它决定了你永远没有成功的机会；另一种是敢拼敢闯，它注定你脚下的路必然通向成功。”

一口枯井里住着三只青蛙，一大两小。井里只剩一摊污水，还有偶然闯入井里的飞虫，只有这些让它们维持着生命。最可怜的是两只小青蛙，不仅日子穷苦，而且还时常受大青蛙的欺负。

一天，大青蛙又欺负了两只小青蛙。一只小青蛙对另一只小青蛙说：“我想离开这儿，不然，永远没有出头之日。”

另一只小青蛙说：“兄弟呀，我也知道这儿的日子不好过，但水还是够用的，偶尔还有飞虫进来，虽然我们经常受欺负，但至少还可以活命呀。”

“不，我想离开这儿！”小青蛙说。

“别妄想了，知道外面的世界是个什么样子吗？说不定还不如这儿呢！再说，你唯一可以出去的办法，就是跳到人类的打水桶里，人类把你捉住，还不知道会对你怎么样呢！听说人类最喜欢吃我们的肉。”另一只小青蛙说。

小青蛙没有说话。

一天，一位农夫从井里打水浇地，小青蛙毅然跳到放进井里的打水桶里。善良的农夫没有为难这只可爱的小青蛙，将它放到了田野里。

田野里风光无限，小青蛙过着快乐的生活。而在井里的那只小青蛙，依然守着一摊污水，继续过着食不果腹、饱受欺辱的日子。

有时人的境遇就像那两只小青蛙，面对改变命运的机会，当一些人在抱怨时运不好，在犹豫彷徨的时候，另一些人已经开始行动了，哪怕是成功的机会渺茫，他们也会放手一搏。于是，很多时候，前一种人永远走不出人生的困境，继续过着毫无生气的生活，后一些人却彻底改变了自己的命运，成了最大的赢家。

人的一生不可能是风平浪静、一路平坦的，平淡是大多数，成功会有，但坎坷和困难也会有，若没有正视与克服这些关隘的勇气，通往成功的大路就会被自己堵死。在成功路上，很多人没有经验，只能在摸索中前行，于是，敢闯敢干便是我们通向成功的最好办法。

▼ 希尔成功箴言

假如你现在一无所有而又渴望成功，那还顾忌什么呢？拿出勇气，放手一搏！失败了，你还是过着最差生活的你；成功了，你却改变了自己的命运。

激情让一个人摆脱平庸

如果说平淡是生活的本质，那么激情就是一道彩虹，装点出我们不平凡的人生。

——拿破仑·希尔

爱默生说："不倾注激情，休想成就丰功伟绩。"

罗素在《自传》前言中写道："对爱的渴望、对知识的探索和对人类苦难的难以忍受的怜悯。这三种激情左右了我的一生。这些激情像飓风，无处不在、反复无常地吹拂着我，吹过深重的苦海，濒于绝境。"

我也说过："我之所以每天都能满怀热情地工作，是因为每天早晨醒来，一想到所从事的工作将会给人类生活带来的巨大影响和变化，我就会无比兴奋和激动。”

……

大多数成功者对激情有着精辟的论述，因为在他们看来，是激情成就了他们的人生。

和很多成功人士一样，我十分肯定激情对成功的巨大作用。在我看来，激情确实会让一个人义无反顾往前冲，不管前面遇到的是什么，一切都会给激情让道，直到出现成功。

激情是成功的力量，它能让每个人扬起人生之帆，它能让遭遇失意的人保持一份活力，让人有力量持续地为成功去拼、去奋斗。

18 岁时，弗兰克·贝特格成为一名职业棒球选手。可没多久，他就因总是无精打采被开除了。教练告诫他：“无论你从事什么工作，都要充满活力和激情。”

3 周后，他加入了康州的纽黑文球队，那时他暗下决心：我一定要保持活力和激情，一定要成为球队核心球员！

从此，在比赛的时候，哪怕是输了，或者是遭遇了一个强劲的对手，他都不会因此而产生沮丧的情绪。他总是不知疲倦地奔跑在球场上。他的每个投球都迅速而有力，有时竟能震落接球队友的护手套。

在一次联赛中，纽黑文队遭遇到实力强劲的对手，但高涨的激情让弗兰克忘记了恐惧和紧张，并最终赢得了决定胜负的一分。

第二天的报纸上赫然登着弗兰克的消息：“这个球员是个新手，他浑身上下充满活力和激情，并因此感染了其他队员，从而赢得了此次实力悬殊的比赛……他是球队的‘灵魂’。”

为什么一个原本毫无活力，被开除的球员，后来却能够赢得实力悬殊的比赛，并成为球队的“灵魂”？毫无疑问，是因为弗兰克对比赛拥有了激情。

拥有了激情，就能把全身每一块肌肉的力量都调动起来，这让生命始终充满着张力，让内心满是希望。所以，要想获得成功，千万不要因为一时的失意而放弃了理想和追求，保持激情，就会让我们在遇到悬崖陡壁时，对理想和追求不抛弃、不放弃，直到有所收获；只有选择了激情，才能使我们满怀热忱地去追求属于自己的成功。

▼ 希尔成功箴言

当被生命中那些无法避免的缺憾、忧虑困扰时，我们不应把眼泪浪费在无可挽回的令人后悔的事情上，而应该满怀激情地把精力放在工作中。

敢于接受挑战，敢闯才会赢

害怕被征服的人，注定要失败。

——拿破仑·希尔

接受挑战就是能迎难而上，接受挑战就是敢于承担艰巨的、超出自己承担能力的任务。接受挑战是对待一件难事的态度，是一种勇气和精神。敢于挑战往往是有雄心的人，他们非常渴望自己能成功。这些人遇到难题，马上就会想办法解决，不会畏惧困难，所以，成功者往往具有挑战精神。

没有挑战精神的人遇到难题，会不自觉地、甚至不假思索地就想到退，所以他们不可能有任何的成就。

毫不自夸地说，我就是一个具有挑战精神的人。

《鲍勃·泰勒杂志》的老板罗伯特·泰勒需要一个人去采访各界成功人士，并撰写关于他们成功经历的故事。

一天，泰勒找到我，并对我说了自己的计划，他说："希尔，很多人不敢去，我想让你去完成这个任务，这对你来说也是个挑战，敢去吗，年轻人?"

我知道，那些名人可不是一般人，采访他们难度很大。但我还是回答道："我愿意接受这个挑战。"

于是，我为采访做了精心的准备。我的第一个采访对象是钢铁大王安德鲁·卡内基，我们一见就很投机，原本短时间的采访计划延长到整整三天。

后来，我陆续采访了亨利·福特、托马斯·爱迪生、乔治·伊斯曼、约翰·洛克菲勒等著名人物。

我因而能总结众多成功人士的经验，这些成功的见解成为我一生的资本，我因此开创自己的"成功哲学"，然后再把成功的方法教给其他人——一次挑战彻底改变了我的人生。

勇于挑战是成功者的灵魂，人生的每一步发展，都是在一个又一个的挑战中完成的。成功总属于那些敢为人先、勇于担当的“闯将”，他们是勇于接受挑战的斗士，是面对困难挺身而出、从不退缩的勇士。

被吉尼斯世界大全称为“全世界最伟大的推销员”的乔·吉拉德是这样说的：“要在挑战中实现梦想，体现价值。”

刚做汽车销售这行时，吉拉德只是公司 42 名普通的销售员之一。销售工作时时面对很多不确定的困难，而且因为没有业绩薪水就会少得可怜，所以人员流动很大。

尽管业绩不是很好，但乔·吉拉德还是挺了过来，同事都换了好几茬了，他依然坚持着。

或许看到他坚持下来了，公司准备派他到一个新的地区去开拓市场。这时，吉拉德犹豫了：是在原来的岗位上稳扎稳打，还是去挑战也许会没有任何结果的未来呢？

真正的勇士是敢于接受挑战的！经过权衡，乔·吉拉德毅然接受了这个异常困难的任务，去为公司开拓新的市场。

选择容易做出，局面却难以打开。面对新的市场，乔·吉拉德一个月没有卖掉一辆汽车。

他也试着放弃过，他曾对上司说：“让我在这儿推销汽车简直太难了。”

上司告诉他：“要是没有困难，我们怎么会派你来呢？你既然接受了这个挑战，就应该有信心做好。”

于是，乔·吉拉德没有畏缩不前，他坚持着。

终于，乔·吉拉德取得了巨大的成功。在他不懈的努力下，市场给了他丰厚的回报。

后来，吉拉德以无人能匹敌的销售业绩被誉为“全世界最伟大的推销员”。

吉拉德明白，销售行业就是一个不断挑战自我，挑战勇气的工作，如果害怕挑战，那就不可能成功。

吉拉德在困难面前没有失去信心，没有裹足不前，没有选择放弃，而是勇敢地接受挑战，在挑战中寻找着成功，寻找着机遇，为扭转命运不懈努力，直到彻底实现了他人认为很难实现的目标。

做一个敢于应对挑战的“闯将”吧！大任也必将降落在闯荡者的肩头，事业在每一次挑战中成功，生命在每一次挑战中升华。

▼ 希尔成功箴言

成功的起点首当是敢于接受挑战。就算你有过人的专业技能，渊博的知识，聪慧的头脑，可如果你没有一种敢于挑战困难的勇气，那么也没有你可以胜算的事业。

第07章

相信自己

自信是获得成功的最大能量

拿破仑·希尔说："如果拥有自信，你的人生成功率就高，如果你自卑，那么你的人生就会败多成少。"很多实例也证明：只要我们对自己有信心，并努力拼搏，就没有什么做不成的事情。所以我们要记住，一个人有多大信心，他获得成功的能量就会有多大。

有一种成功叫相信自己

如果你相信自己能够做这件事，你就能完成它。

——拿破仑·希尔

信心是一种最坚强的内在力量，它能够帮助我们度过艰难困苦，直到曙光出现。有信心就不会有失望，我们之所以受挫是因为失去信心。在这里我的意思很明确，信心决定成败，有信心是最实用的成功经验。

耶稣基督也说过：“走你自己的路，然后事情会和你相信的一样。”居里夫人有句名言：“我们应该有恒心，尤其要有自信心！”人生中的坚忍、进取、勇敢、耐心、恒心等许多品质都源于自信，只有非常自信的人，才能活出不一样的人生。

成功各有不同，经历大抵相似。我们可以用这句话概括成功：成功人士往往有着不同的出身，从事不同的职业，遭受不同的困难等诸多不同，但有一点是共同的：他们对自己都充满信心，在成功的路上保持着自爱、自强、自主和自立。

汤姆·邓普西就是将不可能变为可能的一个好例子。

汤姆·邓普西生下来的时候，只有半只脚和一只畸形的右手。父母从来不让他因为自己的残疾而感到不安。结果是任何男孩能做的事他也能做，如果童子军团行军10里，汤姆也同样走完10里。

后来他要踢橄榄球，他发现，他能把球踢得比任何在一起玩的男孩子远。

他要人为他专门设计一只鞋子，参加了踢球测验，并且得到了冲锋队的一份合约。

但是教练却尽量婉转地告诉他，说他“不具有做职业橄榄球员的条件”，促请他去试试其他的球队。最后他申请加入新奥尔良圣徒球队，并且请求给他一次机会。教练虽然心存怀疑，但是看到这个男孩这么自信，对他有了好感，因此就收下了他。

两个星期之后，教练对他的好感更深，因为他在一次友谊赛中踢出55码远得分，而且在那一季中他为球队踢得了99分。

然后到了最伟大的时刻，球场上坐了6.6万名球迷。球是在28码线上，比赛只剩下了几秒钟，球队把球推进到45码线上，但是可以说根本就没有时间了。“邓普西，进场踢球。”教练大声说。

当汤姆进场的时候，他知道他的队距离得分线有55码远，由巴第摩尔雄马队毕特·瑞奇踢出来的。

球传接得很好，邓普西一脚全力踢在球身上，球笔直地前进。但是踢得够远吗？6.6万名球迷屏住气观看，接着终端得分线上的裁判举起了双手，表示得了3分，球在球门横杆之上几英寸的地方越过，汤姆一队以19比17获胜。球迷狂呼乱叫，为踢得最远的一球而兴奋，这是只有半只脚和一只畸形的手的球员踢出来的！

“真是难以相信。”有人大声叫，但是邓普西只是微笑。他想起他的父母，他们一直告诉他的是他能做什么，而不是他不能做什么。他之所以创造出这么了不起的纪录，正如他自己说的：“他们从来没有告诉我，我有什么不能做的。”

永远也不要消极地认定什么事情是不可能的。首先要认为自己能，再去尝试、再尝试，最后就会发现自己确实能。

成功者都把自信看成是人生中一柄最锋利的利器，是获得成功的重要基石。所以，在人生的路上，我们可能放弃和丢掉很多东西，但一定不要丢掉了自信。

▼ 希尔成功箴言

自信是走向成功的起点，因为自信的人能积极地参加各种活动，主动地与人交往，勇敢地面对困难，较快地适应环境，大胆地尝试新事物。

保持该有的自信，把自己适当看高一点

关上身后那扇恐惧之门，你就会知道面前那扇成功之门打开的速度有多快。

——拿破仑·希尔

很多时候，一个人能不能成功取决于他如何看待自己。因为人们通常会按照自己的能力给自己匹配相应的目标和承担相应的工作，当他们面对一份超出自己能力的工作时，往往会选择回避，很多人因此丧失了成功的机会。

苏格拉底知道自己即将大去，他想让自己的一个助手作为他的继承者。

他把这个最得意的助手叫到床前，说："我的蜡就要熄灭了，得找另一根蜡接着点下去，明白我的意思吗？"

"明白，"那位助手说，"您的思想一定要传承下去。"

"可是，"苏格拉底说，"你帮我寻找一位吧，他不但要有足够的智慧，还必须有信心和勇气。"

"我这就去寻找。"

于是，那位助手开始不辞辛劳地四处寻找继承者。可他找来的人都被苏格拉底否决了。一天，当助手再次无功而返时，

苏格拉底对他说："真是辛苦你了，其实，你找来的那些人都不如……"

"我一定继续寻找，"助手满怀歉疚地小声说，"就算找遍全世界，也要把最优秀的人找出来。"

苏格拉底摇了摇头，不再说话。

半年之后，苏格拉底已经奄奄一息了，但人选还是没有眉目。助手难过地说："我真对不起您，太让您失望了！"

"我的确很失望，但你对不起的却是你自己。"苏格拉底说，"本来，你就是最优秀的。但你不敢相信自己，才至于把自己给忽略了。"

一代哲人就这样带着遗憾离开了世界。

因为对自己的忽略，才让助手错过了继承哲人衣钵的大好机会。生活也是这样，有些人会因为对自己的忽略而错过成功的机会。为了避免有这样的缺憾，我在《思考致富》中提醒人们，"不妨高看自己一点，保持该有的自信，这样才不至于让成功的机会从手中溜走"。面对好的事物，我们不要胆怯，不要自卑，要充满激情和动力，这样才能寻找到属于自己的宝藏。

汤姆是个孤儿，从小在福利院长大，他身材矮小，没有漂亮的外表，口齿也不是很清楚，所以，他一直从心底里看不起自己。在他心里，自己是一个又笨又丑的乡巴佬。他没有信心去任何一家公司应聘工作。

现在汤姆已经30岁了，可是他还是一无所有。想想自己的未来，觉得一片黑暗，他想早早结束自己的生命。

正值汤姆在生死之间徘徊之际，他的好朋友亨利跑过来告诉他："我给你带来了一个好消息，汤姆。"

"好消息从来就不属于我。"汤姆一脸茫然地说。

"不，汤姆，这个消息和你有关。有人说，拿破仑曾经有个孙子，但在一个意外中丢失了，根据人们的描述，他的孙子跟你很相像。我敢肯定，你就是拿破仑丢失的孙子。"亨利兴奋地说。

汤姆听了，一下子激动起来："我真的是拿破仑的孙子……"汤姆的脑海中浮现出身材矮小的爷爷发号军令在战场上指挥着千军万马的情境，顿时觉得自己矮小的身材也充满了力量——从这一刻起，他觉得自己不是一个凡人了。

第二天一大早，汤姆满怀信心，用拿破仑孙子的姿态昂首挺胸地走进一家大公司应聘，他很顺利地通过了面试，成了公司一员。20年后，汤姆居然成了这家大公司的总裁。

把自己适当看高一点，这就是我成功学精粹的一部分。当我们走到人前时，昂首挺胸总是要比低眉顺眼好。自爱才能有人爱。试问，一个人若是自己都看不起自己，别人又怎么会看得起他呢？其实在这个世界上没有什么事情是不能办成的，没有什么结果是不能改变的，只要对自己有信心，事情往往就成功了一半。所以，只有满怀自信的人，才能在任何地方都把自信沉浸在生活中，并实现自己的意愿。

的确，在前进的道路上，有时差的就是那自信的一步，前进一步便是不一样的人生。

▼ 希尔成功箴言

无论身处什么样的环境，拥有什么样的水平，做事时不妨摆出赢家的姿态，至少会让自己在心理上占有优势，发挥出自己应该有的能力。

给自己打气，敢说“我是第一！”

信心能战胜人生道路上所有的障碍，也许连死亡它都不会放在眼里！

——拿破仑·希尔

通过研究那些成就伟大事业的卓越人物我发现，这些人有这样的特质：他们在做事之前，总是充分信任自己的能力，坚信所从事的事业必能成功。在做事时，他们会拿出全部的精力去排除一切艰难险阻，直到获得成功。

因此，“相信自己”成为我的成功定律之一。

在生活中，我们经常看到有些人能力并不十分突出，但却成功了，而我们能力强过这些人，但取得的成就反不如他们，甚至一败涂地。是什么左右了成败呢？告诉你，是自信。你活得不算成功，甚至是失败了，这一定是自身出了问题，很多时候，是不自信把你打败了而已。

所以，在撷取成功的道路上，无论别人如何看低你的能力，你绝不能容许自己怀疑自己能成就一番事业的能力，你都不要对自己能否成为杰出人物心存疑虑。所以，要敢说“我是第一！”给自己打打气，你就会信心满满，你就会成为一个与众不同的人。

乔·吉拉德是美国最著名的推销大师之一，他曾一度改写了推销史上的吉尼斯世界纪录。

乔·吉拉德随父母移居到美国，在当时的美国，像他们这样贫穷的移民地位低下，根本得不到应有的尊重。乔·吉拉德时常遭受其他孩子的欺负，因此，痛苦和自卑的情绪一直笼罩着他。

有一天，他忍不住大声质问父亲：“为什么我们会这么穷?”

父亲对他说：“这就是命呀孩子，我们这一辈子能这样就很不错了。”

父亲的话让他很沮丧，他不知道自己的出路在哪，他因此陷入了深深的苦闷之中。

幸运的是，母亲看到他天天无精打采的样子，就鼓励他说：“乔·吉拉德，你要永远记住，你在我的心里永远是第一，没人能比得上你；在这个世界上，你是独一无二的。”母亲的话让吉拉德看到了自己在世界的位置——独一无二，从此，他认定自己就是第一，没人比得上他。

第一次去应聘时，乔·吉拉德没有准备自己的名片和简历，而是装了一张扑克——黑桃A。在很多地方，黑桃A代表了最大和最强。

当面试他的老板收到这张扑克的时候，直盯着他的眼睛问他："你怎么给我一张黑桃A?"

"没错。因为我就是黑桃A!"他坚定地说。

"你为什么就是黑桃A?"老板问。

"因为黑桃A代表第一，而我刚好是第一。"乔·吉拉德自信地说。

老总笑了，他被录用了。

后来，乔·吉拉德成功了，而且是真正的世界第一。他一年推销1425辆车，创造了吉尼斯纪录。

有人说，乔·吉拉德能够从一个默默无闻的穷小子一跃而成为推销大师，秘诀就在于他每天都会告诉自己说："我是第一，我是第一。"长期的这种鼓舞性的暗示坚定了他的信念和勇气。他的个性由此得到强化，并逐步成熟起来。自信贯穿于他的事业，奠定了他成功的基础。

生活中，假如有人带有藐视性地问你："你算第一?"你该怎样回答？如果你渴望自己的人生与众不同，就应该果断地回答："当然是第一!"

多对自己说"我是第一!"能让我们活得更有底气，更有动力。人人都渴望成为第一，不管能否成为现实，至少要在意识里播种争第一的信心。这样，我们的个性才会真正成熟起来，我们的能力才能得到最大限度的发挥。

▼ 希尔成功箴言

成功者从不指望依靠别人的帮助，他们相信通过自己的努力一定能有所作为。所以，要尽可能地增强自己的信心，这样，就会成为一个与众不同的人。

摒弃自卑心理，收获成功人生

成功就是拥有积极的人生观，充分相信自己，朝着自己的目标不断努力。

——拿破仑·希尔

我们可能遇到过这样的经历：做学生的时候，虽经不懈努力，成绩还是不会太优秀，于是，自己不如别人的自卑阴影笼罩整个心田，在老师和同学面前抬不起头来，人也渐渐地变得自惭形秽。

步入社会了，会觉得自己文凭没人高，能力没人强，所以工作不敢挑重担，交际时见人就脸红、心跳、惶惶不安。

……

似乎有一个魔在内心控制自己，压制自己。让自己逃不掉，摆脱不了。这个魔看不见，听不到，只能感觉到它的存在，它的名字叫“自卑”。自卑生在心，显在行，是弱化个人力量和能力的魔鬼。请记住我的话：“自卑常常在不经意间闯进你的内心世界，控制着你的生活，在你有所决定、有所取舍的时候，向你勒索、敲诈你的勇气与胆略；当你碰到困难的时候，自卑会站在你的背后大声将你全盘否定，让你觉得自己一无是处，窝囊至极，让你掉进自责、自罪的旋涡。”

自卑看不见，只能从一个人的行为中看到它的特性。当一个人被自卑控制，它就会自己轻视自己，自己看不起自己。自卑心理会让人低估自我，对他人能力过高判断。自卑的人通常会认为自己在某一方面或多个方面不如别人，甚至是样样不如别人，哪怕是自己能胜任的事，也会以一种怀疑的眼光看待自己。另外，这些人对周围人的言行、态度反应也是格外的敏感。自卑是成功的障碍，一个人只有跨越了自卑这座山，才能推开成功这道门。

威尔特·张伯伦因为球技高超，在NBA的比赛场上，他就会被包围，会成为对手的重点防守对象。但这一切几乎都是徒劳的，因为对手通常阻止不了他得分。因此有人问张伯伦：在对手如此严密的防守下，你为何还能轻而易举地得分？

面对这个问题，张伯伦讲了一个自己的故事：

“记得我第一次参加教学比赛，心里惴惴不安的，感到很紧张。‘这必须得学。’教练声音很平静却透着严厉。我知道，教练从来不认可一切解释和借口，他就像西点军校的教官。因

为教练总是对我说：‘我要的是那个问题的答案，我不想听到你没能回答那个问题的任何理由。’

“‘我练了十个小时了，感到累了。’我有时也会诉苦。

“这对我没有任何意义。我要的是你能理解和执行我的战术。你可以不必去学，或者你可以练上15个小时，那是你的自由，但我要的是你理解和运用这一战术。

“教练的要求对于我来讲太难了，但我还是从中得到了收获。很快，我获得了巨大的勇气，不再害怕教学比赛了。

“一天，教练那冷漠平静的声音在大庭广众之下落在了我头上：‘张伯伦，不对！’

“我们还正在进行着教学比赛，他就在场下这样大叫，使我在球场上不知所措，要命的是，喊叫常常出现在我认为是最好机会出手得分的时候，是他阻断了我的进攻进程。

“‘你下来！’一次，教练喊我。

“我坐了下来，‘你糟糕透了。’教练说。我觉得莫名其妙。

“我看到，另一个队友也被‘不对’声打断了，但他并不理睬教练，直到打完为止。奇怪的是，当他坐下时，得到教练的评语是‘非常好’。

“‘这不公平。’我埋怨道，‘我打的和他一样，你却说不对！’

“‘那你为什么不坚持往下打呢？告诉你张伯伦，仅仅了解篮球的技战还不够，你必须深信你的行为能有效地得分。在NBA，没有自信你什么都学不到。如果全世界都说no，你也不要理睬他们，你要做的就是证明给人看。'"

张伯伦说，教练给自己最好的教益就是让自己赶走了那份自卑心理，让自己有了依靠、信赖自己的能力。后来，在NBA的赛场上无论遇到怎样的严密防守，他都会坚信自己一定能命中得分。如果他不学会自信，他至今也还会是一个弱者，一个篮球场上默默无闻的人，至少不会有现在这般优秀。

自信，令我们每一个意念都充满力量。当你有强大的自信心推动你的致富巨轮时，你就可以平步青云。张伯伦之所以能成为巨星，一定离不开那份自信。

人各有长短，任何人都不可能在各方面都非常优秀，相反，每个人或多或少在某方面存在一定的缺陷，这是人类的共性，就是那些伟人也毫不例外，比如，拿破仑身材矮小、林肯长得丑陋、罗斯福患过小儿麻痹、丘吉尔体态臃肿，这些人可以"呼风唤雨"，但却无法避免先天的缺陷，缺陷也丝毫没有妨碍他们人生的精彩。所以，我们不必为天生的缺陷自卑，也不要为天生的不足而落泪，只要能信自己，就会因为有了自信而成就自己。

▼ 希尔成功箴言

欣赏自己的美好，发现自己的长处，可以帮助自己树立信心，帮助自己走出困境，踏上成功之路，活出一个全新的自我。

第08章

学会带队

有领导力就会有成功力

一个人有没有领导能力，往往是一个人能否成功的标杆。领导力是获得成功能力的综合体现，所以在拿破仑·希尔的成功定律里，学会领导他人是一种成功的修炼。那么，在大师的眼里，成功需要什么样的领导能力呢?

管理要懂得以人为本

别纯粹靠理智行动，你还拥有感觉、情感、习惯和其他力量，它们都能在你需要时，发挥强大作用。

——拿破仑·希尔

得人心者得天下！领导者在管理中多点人情味，有助于赢得员工对企业的认同感和忠诚度。所以，在企业中，人们提倡人性化管理。

所谓人性化管理，就是一种在整个企业管理过程中充分注意人性生理以及心理需求，以充分挖掘人的潜能为己任的管理模式。内容包含很多要素，如对人的尊重，充分的物质激励和精神激励，给人提供各种成长与发展机会，等等。

我在杂志社工作的时候，就一直遵循“人性化管理”原则。

有一段时间，我在杂志社是外联部的主管，我争取做一个好上司。

杂志社给我配备了好几个助手，我们之间友好相处就像朋友一样，工作之余，和他们拉家常，一起聚餐是常有的事。

一些助手遇到工作上的困难时，都会在第一时间找我解决问题。即使需要一些私人帮助，我一般也不会拒绝。有一次，一个助手为了赶做一份采访计划，接连要加两晚上班，我看到后，晚上就留了下来，帮这个助手把采访计划做好。

或许是因为我为人低调，所以深得助手们喜欢。之后，杂志社的老板就安排我采访各界成功人士，撰写关于他们成功经历的故事。我的人生从此有了崭新的开始。

作为一个领导，要想让整个团队发挥更大的效率，就不能高高在上。因为任何一个下属都是一个有感情、有尊严的人，你善待他们，他们才会善待你。所以，对人的管理，其实就是对人心的管理。领导者要学会将死板的规章制度变得更有人情。

米莉被总公司调到一个分公司当部门主管，没想到到公司不久，下属们私下里都叫她“铁腕主管”。

原来，在公司里，她总是给人一种高高在上的感觉，因为在她的意识之中，上司就应该凌驾于下属之上，保持一种高度和威严，否则下属会利用她的温柔和仁慈，不听从她的安排，难以管理。

但她不知道，她的下属一方面佩服她有能力、做事干练，另一方面又讨厌她做事的冷硬，如果工作上没有什么事情，很少有同事和她走得很近。

每周一例会，米莉会翻出她的一个小本本——里面记的都是上周部门员工的“错误”，比如谁迟到了，谁的业绩下降了，谁在办公室聊天了，她都会一一指出来加以批评指责，“错误”稍大一些，还要写检讨。米莉对下属总是这样严加管教。

米莉脾气很大。一次，下属库雷没有及时完成策划方案，米莉大发雷霆，将库雷骂得狗血喷头，随后责令库雷晚上加班赶出方案。还有一次，因为公司新来的一个女孩在策划方案上犯了一个小错误，米莉又责骂开来，直到把那个女孩骂哭了跑出了办公室。

在米莉的严格管理下，部门人员战战兢兢，但还是导致一些部门工作无法及时完成，部门的业绩也一直处在下降的状态。公司为了扭转这种局面，就给部门配了一个副主管——马尼尼，希望能强化部门管理。

马尼尼的工作能力也很强，更重要的是，在工作上总是带着一种女性特有的温柔，对于一些工作上的小错误从不责骂下属，而是耐心地纠正下属的错误。要是哪位下属不能按时完成工作，她都会帮助他完成。

同事们渐渐喜欢上了这位新来的副主管，很快，部门的业绩也提升起来了。

年终考核的时候，米莉被所有员工投了不信任票，按照公司的竞争机制，副主管马尼尼取代了她的位置。米莉则被公司定为“缺乏管理者该有的情商”而调离了管理层。

在上述的案例中，因为米莉对下属总是盛气凌人、恃强凌弱，最后只能落个失败的境地。所以，作为领导者，不知道以人为本，就等于拿着一把锋利的“双刃剑”，不仅会伤着别人，也会伤着自己。

把人性放在第一位，规章制度才会被广泛接受，领导者才会受到更多人的敬重。在我看来，管理者的管理不能缺少了人文关怀。

推行人性化的管理，关键是如何在制度中“柔情”。管理制度既要有严格性，又要有人性化，体现了教育为主、处罚为辅的人本原则。将人性化管理融入企业管理制度中，从而更好地激发员工们的潜在动力。

▼ 希尔成功箴言

人性化的管理不是挂在嘴边漂亮的话语，它需要领导者平等地和员工交流，让员工感觉到被尊重。只有树立了以人为本的人性化管理理念，才能成为有威信的领导者。

合理授权，解放自己

权力是管理的工具，领导者让有能力的人替自己拿起这些工具，比自己一个人用这些工具要省力、有效。

——拿破仑·希尔

在管理学中，权力是最有效的魔杖，是一个团队建立存在的基础。在职场中，很多人希望拥有更多的权力，因为对个人而言，拥有权力，是他人的一种信任、认可和尊重。所以，哪怕是一个最不上进的员工，对权力多多少少都会有一定的渴望。

一个好的领导者，不仅要懂得行使权力，还要会分配自己的权力。他们会利用员工对权力的渴望心理（当然，本质上是渴望认可和尊重），将权力适当地分给那些值得信任和尊重的员工，让大家都积极开动脑筋，用团队的整体力量战胜工作中的困难。所以，我认为："一个好的领导者，不仅要懂得行使权力，还要会分配自己的权力。"

撒乌丁·德威治是英国著名的德威治公司的第三代掌门人。在正式掌管德威治公司之后，他坚持实行一种"恺撒式"

经验管理模式，比如，他会对公司行政财务各方面的大权采取绝对控制。只要是决策问题，不管大小都得由他独自制定；所有支票都得由他亲自开；所有合同也都得由他签订；他亲自拆信复函；他一个人决定利润分配；他甚至亲自周游欧洲各国，监督公司的好几百家经销商。也就是说，公司很多事都是他一个人包揽。

撒乌丁只想把公司发扬光大，所以他尽心尽责，但遗憾的是，他一手独揽的管理方式却使德威治公司的组织结构完全失去了生命力，公司根本无力适应随时可能发生的变化，在强大的竞争面前，公司连遭致命打击，最后濒临倒闭边缘，他本人也心力交瘁，深深地陷入了公司错综复杂的矛盾之中不能自拔。

因长时间的体力严重透支突发心脏病，撒乌丁在55岁就不得不遗憾地离开了他心爱的事业。

任何人的时间和能力都是有限的，所以，领导者不能面面俱到，事事操心。很多时候，领导者只要掌握大局就可以了，对有些琐事，放权给下属去做，这样可能比自己亲力亲为更有效。所以，我经常说：“一个精明的领导者，不仅要学会用权，更要学会放权。”事实证明，领导者要是事必躬亲，在团队里大包大揽，只会在忙碌中忘记了自己的角色，将大部分时间和精力无休止地消耗在本该下属处理的事情上，不仅累坏了自己，也会荒废了事业。

乔治·蒙西多是欧洲最富有的人之一，他拥有维纳路西控股公司。公司总部在荷兰，经营能源和消费品，1925年的销售额为20亿美元，收入为1.15亿美元。在过去的几年里，由于乔治·蒙西多新的用人方式，公司的这两个数字都增加了几倍，现在公司的收入估计为10亿美元。

乔治·蒙西多的用人观念是：信任属下，充分授权，他们会发挥巨大能量，成为真正的英雄。在他看来，给下属一些权力，他们就会展翅飞翔。

秉承这样的观念，维纳路西公司大胆地进行了权力下放。以前，这是一个大的跨国公司，在世界各地的分公司的管理人员，主要任务是执行总公司的决定。结果是大家对于具体的执行过程和执行结果都不是太重视，每个人都认为这不是自己的责任。为改变这种状况，乔治·蒙西多把百分之九十的革新、创业和成功的责任都交给了分公司的领导，总公司只承担百分之十的责任。

在分权的同时，乔治·蒙西多表现出了对员工的充分信任。在他看来，让员工们独当一面是非常重要的，员工中有非常精明强干的人，这些人有强烈的取胜心，不需要对他们指手画脚。他认为："他们是真正在赚钱的人，你可以向他们提问，但是他们需要自己去摸索，而不需要别人去为他们安排。"

他总是充分表达自己对员工的信任，有时当他收到某个部下请求帮助的信或备忘录时，他总是在后面写上自己的意见，同时加上一句：“我也认为这个问题很棘手，请你大胆去做，祝你成功。”

结果每个分公司都激发出了数倍于前的积极性，每个具体的领导都把如何让本公司有最大发展看成自己的而不是他人的责任。每个独当一面的人都能充分发挥自己的才能和创造力，其他人也因向往这种独当一面的机会而努力工作，争取引起注意获得机会。

面对一个庞大的集团，任何一个有能力的领导者事事躬亲也是分身乏术的，只有授权他人，不仅能更有效地管理好，更能让自己从烦琐的事情中解放出来。所以，我经常告诫那些商界的朋友说：“领导者一定要善于采取分权的措施，把庞大的业务分给不同的人和部门去管理，这样会让管理更有效。”当然，我提倡的分权措施不是简单地把权分下去，我对“分权”提出了两个前提条件：

“第一，把权力分给值得信赖的和有领导能力的人；第二，分权不等于分责。给予下属的不仅仅是信任和权力，领导者要有为得权者承担责任的心理准备。领导者分权不分责。”

我认为，领导者有了信任和为部下承担责任的准备，部下就能充分发挥自己的能动性，这样的分权才会更有意义。

古罗马法典上曾有这样的规定："行政长官不宜过问琐事。"几千年前的罗马人就已经意识到，合理授权有利于激发下级的积极性、主动性和创造性。

"事无巨细皆决之"、"事必躬亲"，这是封建时代领导者的做法，在现代社会已不适用。领导者不妨把职务、权力、责任、目标四位一体授给合适的各级负责人，这是用人的要诀。分权对领导者来说，不仅是解放自己，更是民主管理的表现，它会让权力发挥更大效益。所以，管理学者卡尼奇曾说："当一个人体会到请别人帮自己一起做一件工作，其效果要比自己单独去干好得多时，他便在生活中迈进了一大步。"

▼ 希尔成功箴言

在生活中，我们不难发现，一个领导，如果任何事都要亲自定夺，而不给部下任何独当一面的机会，那下属势必就没有了办事的积极性，而领导者本人也势必焦头烂额、无比劳累。

用人不疑，疑人不用

不信任下属的人，不敢于重用下属的人，他的事业迟早要垮台。

——拿破仑·希尔

人们常说“知人善任”，这是管理者应具备的才识。“知人”是领导者用人初始时的态度，强调要对人有个考察过程。那么，什么是“善任”呢？“用人不疑，疑人不用”就是一种善任。“用人不疑”是领导者用人的态度，强调的是对所用之人的尊重和信任，尤其是人事管理者应具备的用人心态。“用人不疑，疑人不用”是用人的准则。也就是说，领导者要对自己的下属给予充分的信任，没有信任的话，就不要用这个人。所以我一直强调，不信任下属的人，不敢于重用下属的人，他的事业迟早要垮台。

卡内基本人对钢铁的制造、生产的工艺流程知道得并不多，但他手下有精兵强将在这方面都是内行，所以，他要做的就是如何用人、用好人。

卡内基专门笼络能力比自己强的人，是他事业获得成功的重要原因。

美国汽车大王亨利·福特及孙子福特三世在用人的智慧方面，就比卡内基稍逊一筹。在其事业发展的顶峰，他们变得刚愎自用，甚至是嫉贤妒能，很多时候，他们不允许下属“威高震主”，一段时间内，他们将不顺眼的、曾经为公司发展立下汗马功劳的人解职。这种做法导致公司的效益大幅下滑。好在福特三世在63岁时被迫忍痛割爱，宣布辞去领导职务，把经营大权让给福特家族以外的菲利普·卡德威尔，由他掌舵福特。这时才让“福特王朝”的悲剧结束。

在我看来，卡内基的成功和福特三世的败绩，完全在于他们敢不敢用人。古今中外的很多事例也都说明，对下属人员处心积虑，处处干涉的管理者是难以留住人才的。有创意、有能力的人绝不希望上司做他们的“婆婆”。尤其是一些知识分子和技术人员特别希望人们对其尊重和信任，对他们放手放心，充分信任并委以重任，这样，才能有效地调动他们的工作积极性，激发他们内在的创造性。

希尔顿在选拔、使用人才方面有自己的独到之处。

希尔顿饭店中的许多高级职员，大都是从基层逐步提拔上来的。所以，希尔顿饭店的管理者往往有着丰富的经验，他们能将酒店经营得很出色。

更重要的是，希尔顿对自己的每个员工都很信任，他尽可能让所有员工在本职工作范围中发挥自己的才能，他从不干涉员工的决定。如果员工犯了错误，他会将其单独叫到办公室，先鼓励安慰一番，告诉犯错的员工：“当年我在工作中犯过更大的错误，你这点小错误算不得什么，凡是干工作的人，都难免会出错。”然后，希尔顿会客观地帮这些员工分析发生错误的原因，并一同商量解决问题的办法。

对那些犯错的员工，希尔顿会继续任用他们。在希尔顿，很少有员工因为犯错误被降职。当然，希尔顿的管理者也很少犯错，这可能是老板的信任让员工工作更用心了。

希尔顿“用人不疑，疑人不用”的原则，使所有的管理人员都愿为他奔波效命，对工作兢兢业业，认真负责。所以，领导者要有爱才之心、容才之量、识才之能。

“用人不疑，疑人不用”是重要的领导原则，因为信赖是组织核心团队力量的源泉。我们应该看到现代企业组织设计的弊端：往往只相信制度与系统，基本上不相信个人。但领导者应该意识到，人与人之间如果没有互信，做起事来处处设防、互相猜忌，那这个组织绝对会分崩离析，不可能产生巨大的生产力。

对人信赖，是做人的基本美德。但也不可否认，领导者对一个员工要有全然的信赖，需要事前对这个人进行仔细考察。一旦觉得可以信任，就应该让自己的信任引发对方感动、引起对方共鸣。领导者的信任会让团队上下一心，一致对外。

信赖是领导者天生领导魅力的来源，也是部属为团队，为自己全力以赴、全力奉献的理由，“用人不疑，疑人不用”是领导者必备的用人逻辑。领导者不妨对自己的部属充分信任，至于监督与制衡，应该将其留给制度。

▼ 希尔成功箴言

用人不疑，疑人不用。即要充分信任下属，放手让他们工作，不信任就不要用，用就要充分信任。对能力比自己强的人，不要嫉妒、更不要怕他们“功高盖主”。

第09章

完善个性

培育成功先培养性格

拿破仑·希尔认为，成功者需要有一个完美的个性，具有人格魅力的人更容易被人接纳。牛顿说："可近、可亲、富有魅力的性格，是靠自己慢慢培养起来的。"所以，不论一个人受教育程度的高低和社会经验的丰富与否，一定要懂得如何完美自己的性格，这样才能做一个成功者。

成功需要一副好脾气

信任和你共事的人，并承认如果和你共事的人不值得你信任时，就表示你选错人了。

——拿破仑·希尔

人们常常说："某某的脾气太坏了，一见他心里就烦，所以，还是离他远一点好。"不难看出，脾气不好，就很难受人欢迎。

其实，生活的很多痛苦往往都是因为坏脾气引起的。我们常常会有这样的遭遇：

在家里，我们会觉得心烦意乱，看什么也不顺眼，结果，气伤了爱人，吓坏了孩子；

在职场里，动辄大发雷霆，结果，惹怒了上司，失去了职位；

在交际上，常常与人一言不合，结果，得罪了朋友，失去了贵人；

……

在我看来，脾气坏的人就会失去理智，思想会变得混乱，缺乏理智；很难集中精力；常常先行为，再思考。这样，就容易做出愚蠢的决定。在我的培训课上，我经常给学员讲这样一则寓言：

水池里，住着一只坏脾气的乌龟。天旱了，池水干涸，乌龟要搬家，就求救于两只雁儿。两只雁儿各执树枝一端，叫乌龟咬着中间，让乌龟千万不要说话，就动身高飞。

有同伴看见，觉得很好笑。受到嘲笑的乌龟大怒，便开口责骂。但口刚一张开，乌龟就跌下来摔死了。

雁儿叹气道："坏脾气多不好呵！"

所以我经常说，脾气好的人怒气少，脸上微笑会多，待人会显得更加亲切。一个好脾气的人，不会轻易为一句话、一件小事动怒，所以这样的人会更讨人喜欢。

可能有很多人会这样说：让我脾气好点，这很难啊！本来就是上司的错，可他偏偏怪我；是别人做不好，自己却要承担别人的错，我的脾气能好吗？

这可能是很多人经常遇到的，的确，面对这些不公平的事会发泄出来，这是人之常情。可是，这样的人往往不会招人喜欢。

小托马斯精明强干，刚到公司半年，就成了业务骨干，很受同事喜欢。

有一天，单位马桶出现问题，因为自己是新来的员工，托马斯就义不容辞地去帮着修理。

可是马桶老出问题，刚开始托马斯还很勤快地帮着去修，可是到最后也有点不耐烦了，就不去修理了。这下可好，只要马桶有问题，大家都在喊“托马斯，马桶坏了，你赶快去修一下呀”，“托马斯，怎么搞的马桶坏了你也不去修”。

“难道自己是来公司修马桶的吗？不给他们点颜色看看就太欺负人了。”时间长了，小托马斯实在是忍受不了这份委屈了，他一边将手中的笔狠狠地摔在桌子上一边愤愤地向喊他的同事吼道：“我可不是马桶修理工，凭什么让我做这么低贱的活？以后不要把我当孙子用。”

小托马斯的反应让同事们很愕然，原本对小托马斯热心淳朴的印象瞬间荡然无存。其实，小托马斯修马桶，同事也没有看轻他的意思，只是习惯了而已，倒是小托马斯对这份委屈的发泄让同事们深感意外。

后来，小托马斯虽然觉得同事对他有了几分“敬畏”，但同时也感到同事和他有了距离。

小托马斯遭到了同事的疏远，根本的原因是脾气太坏。其实，在很多场合，我们应该学会控制自己，忍受委屈，这样更能赢得他人的信赖和认可。

萝莉认识的一个太太的女儿是公司总裁约翰新聘的秘书，脾气非常好，深受约翰的喜欢。

“您好，约翰先生，昨天我交给您的文件签了吗？”这天，萝莉在办公室问约翰。

“什么，我从未见过你的文件，你这个秘书是怎么当的。”

约翰有点恼怒。

萝莉看到约翰怪自己，本想说：“我把文件交给你的时候，罗斯也在，我们看着您将文件摆在桌子上的！”但话到嘴边，性格憨厚的萝莉还是将话咽了回去，而是笑着说：“那好吧，我回去找找那份文件。”

于是，萝莉回办公室，把电脑中的文件重新调出再次打印。当萝莉笑着把文件放到约翰面前时，他连看都没看就签了字，因为他清楚文件原稿的去向。

后来，公司的人觉得萝莉很能干，因为萝莉是在约翰身边工作最久的一个秘书，以往的那些秘书常常都是因为顶撞约翰而被辞掉。

一年后，萝莉成了公司行政主管，薪水是做秘书时的三倍。但很少有人知道，她是因为脾气好才赢得了约翰的赏识。

脾气好的萝莉能忍受他人忍受不了的冤枉，否则萝莉可能早就离开公司了。可以说，是良好的性格让萝莉赢得了成功。

很多时候，我们无法改变事实，但可以修炼一副好脾气。不信，就试试看，当自己的脾气变好了，爱人变得体贴了，孩子变得乖巧了，朋友变得真诚了，同事变得和善了，上司更加赏识自己了，身体甚至也感觉舒畅了很多。所以说，脾气好了，成功就来了。

▼ 希尔成功箴言

脾气好不好是检验一个人控制自己情绪能力的标尺，当一个人懂得忍辱负重，那么，他就能积聚成功的力量，从而获得极大的成功。

与人为善，是在播撒成功的种子

有教养的人，知道如何获得自己想要的东西，并且不会侵犯他人的权利。

——拿破仑·希尔

“拥有迷人的个性”被我纳入我的成功黄金定律中。在我看来，拥有迷人的个性能被更多的人接受，这样在做事的时候会处处有人帮忙，成功的机会也会更多。

人们常说，心灵美才是真正的美。所以，人最迷人的性格之一莫过于拥有一颗善良的心。心存善念，说不定成功就会从天上掉下来。

一天深夜，一对夫妇来到一家旅馆住店，可遗憾的是房间已经客满了。当时，时间已经很晚了，而且外面还下着大雪，怎么办呢？前台的服务员面对这个局面似乎显得很为难。就在这对夫妇转身要离去的时候，其中一名服务员叫住了这对夫妇：“二位请留步，如果你们不嫌弃的话，你们今晚可以住在我的房间里，因为今夜正好是我值夜班。”

“那太好了！”这对夫妇的脸上马上露出了舒心的笑容。

这位善良的服务员马上把自己的房间腾出来，换好干净的床单、枕头，收拾好后让这对夫妇睡下了，而他自己却趴在柜台上睡了一夜。

老夫妇俩很感动，认为这个青年人很不错，在离开的时候，这对夫妇只对这个年轻人说了这样一句话：“我们看你的善良能使你有足够的能力管理一所更大的旅馆。”

原来，这对夫妇就是希尔顿饭店的创始人，他们膝下无子，于是这个服务员就做了希尔顿家族的接班人，后来成了希尔顿饭店集团的新一任老板。

这就是善良给人带来的奇遇，这位服务员凭借着自己的善良，在无意中改变了自己的一生。在这里我要强调的是，残暴和凶横往往是属于匪徒的，在成功者的心里占不了一丁点位置。

“与人玫瑰，手有余香。”只要有一颗善良的心，就能与周围的人和平、愉快相处，所以，两千年前耶稣就说过：“善良的人有福了。”

一个大雪纷飞的下午，杰克开着车行驶在回家的路上。

他心里非常难过和不安，因为还没有找到工作，回家不知道怎样和妻子交代。还有圣诞节快来了，妻子有了身孕——他需要钱。

因为雪太大了，一位老太太的车在路上抛锚了，她站在路边，向杰克求援。

他看看她的车，轻声说：“我一会就可以给您修好。”

说着，他爬到了老太太的车底下帮着修车。

一会工夫，杰克起身对老太太说：“好了夫人，您的问题解决了。”老太太看到杰克一身污泥。

“太谢谢你啦。为了修车，我等了很长时间，只有你停下来给我帮忙，你真是好人呀。”说着，她从口袋里拿出一张钞票递给杰克说：“这就算我酬谢你的吧。”

杰克替她关上后备厢，开心地说：“举手之劳而已，还要什么钱？您赶紧走吧。如果您真心想谢我，就去帮助那些需要帮助的人吧！再见。”

杰克说完，就开车上路了。

老太太也开着车上了路，行驶了一会，因为在路边站得太久了，她看见路边有家小小的咖啡馆，就想停下来喝杯咖啡暖暖身子再走。

她停车进了咖啡馆，一位带着微笑的漂亮女侍者接待了她，给她端来一杯热腾腾的咖啡，这让她感觉非常的温暖。

“今天遇到这么多好人。”她心里想着，无意中看到女侍者隆起的腹部，她知道，孩子至少已有七八个月大了。

喝完咖啡，老太太拿出 100 美元让女侍者去柜台找零钱。

当她拿着零钱再回来的时候，却看到餐桌的便笺上写着：“孩子，余下的钱就当作是你的小费吧，祝你和你的孩子好运。”

看见便笺，女侍者顿时热泪盈眶。

下班后，女侍者回到家，得知丈夫依然没找到工作，便主动给了他一个温存的吻，安慰说："我的宝贝，我上班第一天就得了80美元的小费，我的运气太好了。我爱你，杰克。"

杰克感到心里暖暖的。

善行有时会获得意想不到的结果，甚至有时我们都无法察觉。威廉·渥兹涯斯说过："一个好人生命中最珍贵的那一部分，就是他微小、默默无闻、不为人知的、发自仁慈与爱的善行。"所以，当你在面对他人的时候，不论在你面前的是一个不名一文的乞丐，还是一个身价百万的富豪；也不论他是个不谙世事的孩童，还是耄耋之年的老者，你都要对他们持有一颗慈善的心。给人一个微笑，帮人一个小忙……你的成功，说不定就藏在这些善意的行动中。

▼ 希尔成功箴言

做一个好人吧！因为你的善行，会让我们的周围变得更加和谐，更加阳光。你不计回报的善行，会感染你周围的人，笑脸就会环绕在你的周围，这样，你还能不成功吗？

给人一张笑脸，一切将会变好

人的缺点就如同花园里的杂草。杂草不需要培植照样生长，所以如果不及时清除，它们很快就会占领整座花园。

——拿破仑·希尔

我曾经问卡耐基为什么他的演讲总是魅力无穷，卡耐基朝我微笑了一会儿，说："因为我会恰当地使用我的微笑，而微笑又是人类情感共同的沟通方式，一笑便充满了意义。"

后来我发现，真诚的微笑不但可以使人们和睦相处，也能给人带来极大的成功。人常常把脸当成焦点，所以一个人亲切的笑意，远比他穿着一套华丽的衣服更受人欢迎。微笑是一种接纳，它缩短了彼此的距离，让人与人之间心心相通，更容易走入对方的天地。

当希尔顿建立了他的第一家旅馆时，母亲对他说了这样一句话："希尔顿，对顾客，我们不仅要用诚实来服务，而且还要想一种办法让住过希尔顿旅馆的人都记得这里，还想再来住，但是这个办法要简单，不花太多的成本，这样才会吸引更多的回头客，旅馆才有前途。"

希尔顿想了想，终于想到了一个方法：那就是微笑。只有微笑可以发挥这样大的效用！

于是，他要求旅馆的员工无论如何辛劳，都要养成一个对旅客保持微笑的习惯。他相信：微笑将会给希尔顿旅馆带来巨大的发展。

事实的确如此，正是希尔顿在经营中，运用了“微笑服务”这一习惯，使得希尔顿旅馆能在美国经济大萧条时期存活，并且后来进入了一个鼎盛的发展阶段。

希尔顿对他的员工说：“如果一家旅馆里只有一流的设备，而没有一流的服务，就没有了人性的关怀，那么，旅客就不会喜欢这里，就不会有宾至如归的感觉。告诉你们，我们还需要微笑，因为缺少服务员美好的微笑，正好比花园里失去了阳光雨露。假若我是顾客，比起很好的冷冰冰的硬件设施，我宁愿住在一个有微笑的旅馆，而不愿走进一个不见微笑的地方……”

如今，希尔顿已从一家普通的旅馆，发展到数十亿资产的世界性酒店的产业。希尔顿的成功就源自一个简单的微笑习惯。

微笑是每个人都会做的肢体动作，养成一个微笑的习惯，可以让你比别人更容易成功。所以说，微笑是成功者的先锋。而一个不懂得微笑的人，在生活、工作中往往会遇到许多障碍，当他学会微笑时，一切就会发生改变。

汤姆向朋友诉说自己的苦处：“我工作努力，吃苦耐劳，可是，我的生意怎么也做不大；我将一大半利润分给员工，可我的员工还是对我充满抱怨；我深爱我的家人，可我的妻子经常和我生气、吵闹，孩子也不喜欢我。为什么我的生活总是这样失败?”

朋友听完汤姆的话，也学着汤姆的腔调，紧锁眉头，脸色沉重地反问汤姆：“是啊，为什么会这样呢?”

汤姆一脸痛苦状地说：“朋友，你就和我说说这是怎么回事?”

朋友瞪大双眼，一脸严肃地说：“我没有和你打哑谜呀?”

汤姆忙回答：“你还说没有，你看看你的脸，从你的表情看得出，你是在捉弄我啊!”

听汤姆这样说，朋友突然大笑起来，然后取出一面镜子递给汤姆说：“我不是在捉弄你，我是在模仿你啊!”

汤姆对镜一照，惊讶地发现，朋友刚才的表情和自己现在的表情一模一样：一脸的严肃和紧张，看起来一点也不讨人喜欢。

“唉，我要时刻监控公司的效益，时刻检查员工们是不是在用心工作，就是回到家里，心里也不踏实，我不操心的话，又怎么能做好自己的事呢?”汤姆叹道。

朋友笑道：“生活就是面镜子，你笑，你得到的也是笑的面孔，你对它没有好脸色，它对你也就没有好脸色。所以，当你学会微笑地面对生活，生活也会笑着对待你。”

听了朋友的话，汤姆回到公司以后改变了生活方式和态度。他最大的变化是，遇到不开心的事，也保持微笑。

汤姆的员工发现老板那么开心，心情也跟着好起来了；他的妻子看到丈夫那么开心，自己也变得更加温柔了；他的孩子看到爸爸那么开心，也愿意扑在爸爸的怀里撒娇了……

汤姆发现一切都变了：员工们的工作一点也不让自己操心了，因为大家都很努力；妻子也变得更体贴了，他们很少吵架了；孩子也变得懂事了，听自己的话了；还有更让他欣喜的是，公司的效益变得越来越好了。

生活在这个紧张、快节奏的时代，需要微笑去调剂。因为一个发自内心的微笑能让大家心情愉悦，能改善紧张的气氛。你给别人一个微笑，别人就会回敬你一个微笑，彼此的心门也就随之打开了。微笑是生活最廉价、最有效的补药，它能让我们家庭和睦、能帮我们结交到更多的朋友、能帮我们敲开成功之门……可以说，人生的很多幸运，往往都来自微笑。

▼ 希尔成功箴言

既然懂得笑，就要学会笑，利用笑，让笑来调节我们的心理和生理，让笑来产生积极的作用，使我们生活愉快、学习进步，使我们一步步地走向成功。

自私是成功的最大阻碍

不要求得到任何人的恩惠，只要求将自己的幸福和他人一起分享，财富就来自那些因分享自己的幸福而受益的人。要对得起自己的良心，这将正确地引导你做每一件事情。

——拿破仑·希尔

我经常说，普通人希望获得更多的成功机会，员工希望从老板那里获得更多的薪水，商人希望从合作伙伴那获得更多的利润……所以，获得是人们的普遍心理，假如一个人太自私，那么就不会有人和他有什么合作了。

希望我的话能让更多人明白：人们不会喜欢自私的人——其中的道理并不难理解。自私的人一旦面临自己的利益与别人发生冲突时，会通过各种方式来满足自己，甚至不计别人的损失；在自私的人面前，很少有人能得到实质性的帮助，分享他们获得的成果。所以，没有人愿意和自私的人结交。

自私不仅不能让人保住既有的，往往还会让人失去更多，有的甚至让人面临失败的囧境。所以，自私成了一个人成功的最大障碍。下面的故事可以诠释自私的害处。

从前有一个商人，在历经千辛之后，从远方带回了一种名贵花卉的种子，商人将种子种到地里，每日浇水施肥，精心培育。

很快，他拥有名贵花卉的消息在邻居中传开了，许多邻居想要一些花卉的种子，但商人一粒也舍不得。商人要独自培育，他计划通过自己的不断繁育，等地里开出很多花卉来就能大赚一笔。

功夫不负有心人，当春天到来的时候，他种的花都开了，满地姹紫嫣红，很是漂亮。到第二年的春天，这些花卉已经繁育几千株了，但让他感到意外的是，第二年的花没有第一年开得好了，花朵不但小了，颜色也不是很鲜艳了。

商人百思不得其解，便去请教园艺师。园艺师来到地里看了看，便问："周围是否也种植这种花？"商人摇摇头说："这里除了我之外，没有第二家有这种花。"

园艺师沉吟了一会说："原因找到了，虽然园里都是这种花，但在这附近却种植着其他的花卉，你的花被附近花园的花粉污染了，所以花开得不如去年。"

商人问园艺师该怎么挽救，园艺师说："要想你的花和去年一样好，你只有让附近全部种上这种花。唉，花变种是因为你太自私了呀。"

商人听后感到很惭愧，于是赶紧让邻居移栽了一些花株。

后来，整个村子成了花的海洋，村里的人靠卖花卉大赚了一笔，商人更是发了财。

商人最初因为太自私，差点毁了来之不易的名贵花卉，可见，自私害人不浅。在当今社会，一个人如果想实现自己的人生目标，就必须与他人分享资源。

在我们的生命中有太多的东西都是需要与人来共同分享的。在取得优异成绩的时候，我们会迫不及待地把那份喜悦与父母一起分享；在升职加薪的时候，我们会把这份满足与爱人一起分享；当精心准备了一桌丰盛菜肴的时候，你会特别希望能和亲朋好友一起分享佳肴。人生需要分享，因为有了分享，我们才能更加满足、充实，才会更有斗志。分享了自己的所有，获得的是人心。只有分享才能获得更多，只有分享才会成功。自私的人很难与别人建立一种亲密的关系，这样一颗自私的心只会把他们领进失败者的队伍中。特别是在当今社会，没有合作很难成就一番事业，更谈不上有较大的成功。

可见，完善自己个性，一定要摒除骨子里的自私，这样，才会被更多的人所接纳，成功才会成为可能。

▼ 希尔成功箴言

有些人做什么事都斤斤计较，总害怕自己吃亏，害怕别人占了自己的便宜。这样的人不会明白分享的意义，也很难获得真正的成功。

第 10 章

控制自己

战胜别人先战胜自己

在拿破仑·希尔的眼里，无论在什么情况下，都能保持淡定，学会掌控情绪，这就是成功者的潜质。的确，成功的最大敌人是自己，缺乏对自己情绪的控制，会把许多成功的机会白白浪费掉。

控制脾气，才能掌控命运

很多时候，成功毁于我们的愤怒。

——拿破仑·希尔

我们常常看到这样一些人：在拥挤的火车上，一个无意的碰撞会和人吵得不可开交；在单位常常会因为一件小事而出言不逊，大动肝火；为了一些小纠纷而和邻里争吵辱骂，没完没了。这类人天生就是脾气大。殊不知，人生的失败往往就源于脾气太大。

“很多时候，成功毁于我们的愤怒。”在我的眼里，坏脾气的人往往和成功无缘。现实中的很多失败，往往就是因为人们不懂得控制自己。

有一天，威尔·罗吉士家的一头牛被一个农夫杀死了。

威尔·罗吉士听说这件事后，非常生气，他怒冲冲地带着仆人去找农夫理论。当他们走到一半路程的时候，因为天气太冷了，他们都快被冻僵了。

两个人艰难地来到农夫居住的小木屋，农夫不在家，他的妻子热情地招待了他们。

没有多长时间，农夫就回来了，农妇指着罗吉士告诉他：“他们两个是冒着寒风来找你的。”

这时罗吉士本想和农夫理论一番，不知为什么，他向农夫伸出了自己的手。农夫却完全不知道他俩的来意，他热情地与他们握手拥抱，并热情地邀请他们共进晚餐。

在用餐的时候，农夫充满歉意地说：“真不好意思，委屈你们只能吃些蔬菜，本来可以有牛肉吃的，但是遇着了这样的鬼天气，还没有准备好。”

罗吉士的仆人一直等着他提出杀牛的事宜，但罗吉士却好像全忘了，还与农夫的家人一起开心地说笑。

饭毕，天气依然恶劣，热情的农夫一家要求他们两个人一定要住下，等天气好了再回去，罗吉士和仆人盛情难却，在农夫家里住了一夜。

第二天早上，农妇给他们做了一顿丰盛的早餐，两个人吃饱喝足就告辞了。

在回家的路上，仆人忍不住问：“你为什么不提杀牛的事呢?”

“开始本来是有这个念头的，后来看到他们那么热情，气也就消了不少，决定不再追究了。”罗吉士微笑着说，“其实，我没有白丢一头牛，因为得到了一点人情味。”

是呀，因为控制了自己的脾气，所以得到了农夫的热情款待。试想，要是罗吉士满怀怒气地向农夫兴师问罪，他就不会感受这份让他难忘的人情味了。收敛了怒气，才会收获很多。所以，在处理工作和事务时，要学会控制自己的情绪，不要轻易地把自己的情绪表露出来，以免将事情搞砸。

1943年7月，就在巴顿荣升为少将之际，有人检举巴顿无故打人，事件轰动舆论界。

很多报纸刊登了检举人被打的细节：

“当巴顿走到一个病号面前，他问道：‘你得了什么病?’病号回答：‘我的神经不好。’巴顿又问：‘你说什么?’‘我的神经不好。’病号提高了声音回答。

“巴顿突然大吼：‘去你的神经，你是个胆小鬼。’病号被他骂哭了。他给了病号一个耳光，并说：‘不许哭泣，我不允许一个懦夫在我们这些勇敢战士面前抽泣。’他狠揍了那病号，还把病号的军帽丢到门外。出门遇到医务人员，还对他们说：‘你们以后不能接收这样的懦夫，他们一点事也没有，我不允许这种没有半点汉子气的懦夫在医院内占位置。’

“他好像还不解气，再次回头对病号吼道：‘你马上到前线去，不要怕被打死，你必须上前线。如果你不去，我就把你毙了——我本该现在就亲手把你毙了。’”

这个打人事件在美国国内引起了极大反应。很多士兵的母亲要求撤巴顿的职，有一个人权团体还要求对巴顿进行军法审判。好在马歇尔从大局出发，决定化大事为小事，化小事为无事。

据说，巴顿的对手看到这则报道之后断言：巴顿离失败不远了。果然，因自己出言不慎被媒体加以利用，巴顿在军中的地位受到影响。

诚然，现代人面对工作的巨大压力，都会有心烦气躁的时候，都会遇到难以诉说的苦衷，这时候会有一种强烈的想向人发泄胸中闷气的愿望。但是这种闷气不能随便发泄，如果不分场合任意发泄，那后果将是不可想象的。

▼ **希尔成功箴言**

没有一个人会无限度地包容你毫无理性的暴脾气，会理解你毫无节制地吵闹发火，会忍受你无比暴躁的性格。如果你死不悔改的话，那么等待你的将是最糟糕的结局。

愤怒的时候，很容易做错事

放弃想要控制别人的念头，在这个念头摧毁你之前先摧毁它，把你的精力转而用来控制你自己。

——拿破仑·希尔

列夫·托尔斯泰说："愤怒使别人遭殃，但受害最大的却是自己。"毕达哥拉斯说："愤怒以愚蠢开始，以后悔告终。"很多哲人都曾经告诫过人们，人生千万不要被愤怒左右，否则，那就是自讨苦吃。我因此这样告诫身边的朋友："当愤怒的时候，我们的思维处于混乱状态，很难保持冷静，这时候就很容易做错事，这样会让我们的处境更加窘迫、难堪。"所以，要想获得成功的人生，就要控制好自己的情绪，不要轻易愤怒。

在一片广袤无边的大沙漠之中，有一只骆驼在艰难地前行。骆驼又饿又渴、又热又累，很快情绪开始焦躁起来。

正当骆驼十分焦躁的时候，有一块儿瓷片把骆驼的脚掌硌了一下，骆驼顿时火冒三丈，狠狠地踢了瓷片一下，脚掌也因此被划开了一道又大又深的口子，顿时，鲜红的血流了出来，染红了它脚下的沙砾。

骆驼一瘸一拐地向前走着，而随着鲜血的流失，骆驼更加没有力气。血的腥味引来了凶狠的沙漠秃鹫，它们在骆驼的头顶上盘旋着，等着骆驼死去后饱餐一顿。

骆驼感到非常恐惧，它不顾受伤的身体勉强向前狂奔。可是，终究因为失血过多，一下子倒在了地上。

死之前，骆驼感叹道："我为什么跟一块小小的瓷片过不去呢?"

骆驼的死不是因为瓷片硌了脚掌，真正的凶手是骆驼自己，是它没有控制好自己愤怒的情绪。这只是一则寓言，其实在我们的生活中这样的事情比比皆是，有人因一个小误会与朋友绝交；也有人因别人的一句无心的话而大打出手……愤怒就像魔鬼，让人做错事。

所以佛学认为，"嗔"是世人受"苦"的根因，它就像是潜藏于内心深处的心魔让我们的人生不得安宁。所以一些佛经上说"宁起百千贪心，不起一嗔恚"。所谓"一时嗔念起，火烧功德林"，就是指人发脾气，怒气就把所有的功德都烧光了，具有极强的破坏力。所以，我认为："愤怒很容易让人做错事，会无辜地波及他人、伤害他人。"

我一直崇尚用一种平和的心态去待人接物，因为解决任何矛盾，用愤怒的话，结局很可能会以悲剧收场；心平气和地坐下来谈，再大的矛盾也能圆满地解决。

生活常常会给我们这样一个教训：愤怒常常让我们做错事。所谓的失手，大都是因为愤怒而失去心智，造成惨痛的后果。

为了新婚妻子过得更好，结婚不久，丈夫就出了远门，在外地被一个老板录用了。

丈夫在那里一干就是18年，在这18年中他没有回家探过亲，没有休过一次假。一天，他对老板说："我干了18年了，我该回家了。"老板说："回家可以，不过我有个想法，我给你钱或者我给你一个幸福的忠告，你从中选一个，你好好想想再给我答复。"三天后他找到老板说："我想要那个幸福忠告。"老板提醒他说："想要忠告，我就不会给你钱了。"可他还是坚持想要忠告。于是老板就给了他幸福的忠告。老板对他说："不要让自己生气，要是控制不住，就不要在生气的时候做决定，否则你以后一定会后悔。"老板接着说："这里有三个馒头，两个你路上吃，另一个等你到家后和家人一起吃吧。"

离开家，离开深爱的妻子已有18年了，丈夫第一次踏上了归家的路。

他走了好几天，终于回到了自己熟悉的小村，他站在山头远远地望见了自己的家，屋顶上正冒着青烟，还依稀看见了妻子的身影，忽然他的脸色一沉，原来他又看见了一个男子正伏在妻子的腿上，而自己的妻子正抚摸着他的脸。

丈夫的内心充满了怒火，他想跑过去杀了这两个人。这时，他想起了老板给他的幸福忠告，于是他停了下来。天黑后，他已恢复冷静，虽然很悲伤，但已经不恼怒了。他想：“我不能杀死我的妻子，我要离开这个家，在这之前，我想告诉我的妻子，这18年来我没有背叛她。”

他走到家门口推开了自己的家门，妻子看到门口的丈夫，一下子扑到他怀里。他狠心推开妻子悲伤地说：“你为什么背叛我……”

妻子吃惊地说：“什么？我一直忠心于你，我等了你18年。”

他说：“那今天下午伏在你膝上的男人是谁？”

妻子说：“那是我们的儿子，你走时我就有了他，今年他已经18岁了。”

丈夫高兴地走进家门，拥抱了自己的儿子。接着，一家人坐下来一起吃最后一个馒头，他把老板送的那个馒头掰开后，发现里面全是金币，是他18年的工钱。

从此，一家人过着快乐的生活。

愤怒的时候，人就很容易做错事。就差一点点，故事中的男主角就毁了自己的快乐人生，多亏是他让自己冷静一下，接受别人的忠告，才不至于做出出格的事。在我看来，成功者大都能自我控制。福特、洛克菲勒、爱迪生等这些人好像天生没有脾气，他们总是一副温和的样子，我从来没有见过他们为什么而生气。于是，他们的这种共性让我开始思考，情绪控制会给我们带来什么。

生气会坏事，因为怒气就像炸弹一样具有杀伤力。所以，英文中生气是 anger，危险是 danger。生气与危险只有一个字母之差，若一味沉于生气中，即是站立在痛苦的边缘了，稍有不慎将会坠入痛苦的深渊。很多时候，人们总会错误地认为，自己对委屈的申诉是理所当然的，但很少有人意识到，任何申诉都是在表达某种不满——那种自以为有理由的申诉更是带着愤怒的不满，所以，这样的人常常不会被他人所接受。在我看来，即使受了委屈，也应该控制自己，不能随意发泄出来。

我主张人应该用平和的心态对待所遇见的人和事，这样才能保持理智，不容易犯错。因为人在愤怒时，常常看不清事情的实质而行为过激，就会造成一生无法弥补的遗憾！富兰克林说："愤怒起于愚昧，终于悔恨。"所以，成功的人生，在于能忍能定，能忍，而后才有定；能定，而后才有慧。

▼ 希尔成功箴言

遇事要学会控制自己的情绪，让激动和愤怒降降温，先让我们的心静下来，直至怒火彻底消失，这样，我们就会少犯错误。

以和为贵：得理更要饶人

挑选出一位你钦佩的人，尽量模仿他。虽然这属于英雄崇拜，但是却能改善你自己。

——拿破仑·希尔

成功属于大度的人。所谓“宰相肚子能撑船，将军额头能跑马”说的不是宰相和将军天生异能，而是说“撑船”和“跑马”成就了宰相和将军。那些哪怕是小有成就的人，和人发生了矛盾，更多是忍让和包容。“得理不让人，无理搅三分”是小人的器量。想想，如果得理不饶人，把一件不足挂齿的小事复杂化，势必造成人际关系的恶化，更会给人留下固执己见、小肚鸡肠的不良印象。这样的人难成大器。

生活中，凡事以和为贵，得理也饶人，不仅可以化解矛盾，更能融洽人际关系。

人们喜欢温和、和善的合作者，因为这样的人给人踏实可靠的印象。所以我主张待人和气、和善，不随便对人发脾气。我之所以注重与人和睦相处，是因为在我的杂志社发生过这样一件事：

在杂志社里，爱丽丝算是很能干的员工，工作能力很强。但是，每年同事对她的综合评分都不高。究其原因，是爱丽丝不被同事所喜欢。我一直不理解为什么，直到有一次，我才明白其中原因。

一天中午休息的时候，乔治和同事凯撒在办公室里追逐着，用水杯向对方身上泼水打闹。乔治一不小心将一些水正好泼到爱丽丝的文案上，他见凯撒正向自己发动“反攻”，于是顾不得那么多了，掉头就跑。

爱丽丝刚做好的文案被弄湿了，顿时火冒三丈，怒冲冲地向乔治追去，一把拉着乔治：“你看看，我做了好久，刚写好，就让你弄成这样，你让我怎么交给经理呀?”

一些同事也都说乔治和凯撒在办公室里打闹太不像话。

乔治也意识到了自己的错误，连忙放下水杯向爱丽丝道歉，爱丽丝哪肯接受，依然火气冲天地说：“一开始你为什么不主动向我道歉?”

“当时凯撒追我追得很紧，我……”

“我没兴趣知道你们的事，我问你当时为什么不向我道歉!”爱丽丝打断乔治的话说。

被爱丽丝这么一说，乔治窘得满脸通红，很小声地说：“那我现在再次向你道歉还不成吗?”

“你的道歉就那么值钱？你也不看看我的文案，被你糟蹋成什么样了？这可是我加班赶出来的呀。”爱丽丝指着文案对乔治吼道。

看到爱丽丝得理不饶人的架势，场面整个都僵住了。

这时，乔治说：“要不，我帮你重做一下吧。”

“谁要你帮了，让别人帮我不习惯！再说，这是我的工作，你能做得好吗?”爱丽丝仍然不依不饶。

听爱丽丝说罢，乔治一句话都说不出来。一旁的凯撒也出面主持公道："爱丽丝，乔治弄湿了你的文案没有及时向你道歉，是他不对，可人家现在不是向你赔不是了吗，而且他想帮你重做，我看都是同事，就算了吧。"这时旁观的同事也附和着。但爱丽丝还是觉得心理不平衡，于是又要拉乔治来我的办公室说个清楚。

两个人来到了我面前。经过了解情况后，我按照不准在办公打闹的公司规定，给予乔治5美元罚款。

事后，凯撒愤愤不平地说："一点道理都不讲!"其他同事也觉得爱丽丝太过分了。就连平时和爱丽丝相处不错的同事都说爱丽丝"太小心眼了"。

后来，因为不能和同事和睦相处，爱丽丝向老板罗伯特·泰勒辞职了。

事情发生后，我对这件事做了更深的思考，我认为，爱丽丝之所以不受同事喜欢并最后辞职，就是源于她不懂得以和为贵的道理，得理不饶人。

我常和人分享这个发生在自己办公室里的故事。我的观点是，爱丽丝开始时是有理的，而后来同事们都倒向乔治那一边，更糟糕的是，这件事情还留下了"后遗症"，使得自己和同事们的关系越来越疏远。那么这样的事情为什么会导致"众叛亲离"的严重后果呢？问题的症结又在哪里呢？在我看来，爱丽丝在与人相处时犯了一个大忌——得理不饶人。

所以，一个通情达理、善于理解的人在交际中往往更具魅力，人人都倾向于跟这类人打交道，而不愿与那种胡搅蛮缠、不可理喻的人交往。“得理不饶人”的人一开始是“得理”，正是因为“不饶人”，有理也变成了无理，才给人一种蛮不讲理的印象。

“得理不饶人”往往是引发公愤的“导火线”，这样不但会得罪当局者，而且会引起局外人的轻视。想一想，当人们都把自己当成“公敌”来看待，那将是一件多么严重的事啊！所以，不管能力有多强，多么占理，都不要咄咄逼人。学会控制自己的不快，将友善的一面展示给他人，这比以愤怒面对他人要好上百倍。

▼ **希尔成功箴言**

不论本事有多大、资格有多老，都不要在同事面前自以为是、乱发脾气。聪明的人懂得以和为贵，因此他们总把自己最迷人的一面展示出来，增强自己的亲和力。

不要介意别人的批评

我们没有必要为别人的批评而懊恼，忘记那些批评的话语，走自己的路，让别人说去吧。

——拿破仑·希尔

人的一生中总会遭到各种各样的批评，事做得越大，遭到的批评就会越多。但你绝不要因为别人的批评，就怀恨在心，甚至歇斯底里地反击，因为你做得再好也会有人批评你，对批评太过敏感，只会让自己疲惫不堪。要学会忘记别人对你的批评，这样，你才会活在快乐中。

1929 年，美国教育界发生一件惊天动地的大事，全国各地的学者都赶到芝加哥去看热闹。在几年之前，有个名叫罗勃·郝金斯的年轻人，被任命为美国第四有钱的大学——芝加哥大学的校长。他只有 30 岁，1921 年毕业于耶鲁大学，当过作家、伐木工人、家庭教师和售货员，真叫人难以相信。几乎所有教育者都在批评这位“神童”，说他太年轻了，没经验；教育观念不够成熟……就连新闻界也参与到这场攻击战中。

在罗勃·郝金斯上任的第一天，一个亲戚对他的父亲说：“你看报纸了吗？报上攻击你儿子的社论你没看吗？真把我吓坏了。”

郝金斯的父亲很平静地回答说：“看见了，话说得很凶。可是我知道，从来没有人会踢一只死了的狗。”

是的，一只死狗谁又会去关心呢。别人的批评往往证明了你的重要，你值得关注。所以，在被别人批评、品头论足、无端诽谤时，你无须记住，无须在意，重要的是走好自己的路，让别人去说吧。

马修·布拉许当年还在华尔街 40 号美国国际公司任总裁的时候，承认对别人的批评很敏感。他说：“我当时急于要使公司里的每一个人都认为我非常完美。要是他们不这样想的话，就会使我自卑。只要知道有人对我有成见时，我就会想尽办法去讨好他。可是当我讨好他的同时，又得罪了另一个人。等我再来讨好这个人的时候，又会惹恼了其他的一两个人。就这样形成了无休止的恶性循环。后来我发现，我越想去取悦，以避免别人对我的批评，就越会使我的敌人增加，最后我告诫自己：‘你能力越大，你所受到批评就越多，只要习惯就好了。’从那以后，我就决定尽心尽力地做事，把我那把破旧的保护伞收了起来。让批评我的雨水尽情地下吧！让它从我身上流下去，而不是滴在我的脖子里。”

狄姆士·泰勒更胜一筹。他让批评的雨滴在了他的脖子上，而且当众为这件事情大笑一番。有一段时间，他在每个周末下午的空中音乐会，利用一点时间发表音乐方面的评论。但这引起了很多人的不满，有一个女人写信说他是“骗子，在浪费时间”。第二个礼拜，在同一个节目里，狄姆士·泰勒把这封信读给好几百万人听。过了几天，他又收到了这位女士写来的另外一封信，“表达她丝毫没有改变她的意见”。泰勒先生说：“她仍然没有改变对我的成见，说我是一个骗子，在浪费时间。”

面对他人的品评、批评，每个人都会有压力，如何释放压力，关键在于你如何对待外来的批评。如果你没通过任何尝试就在心里接受了别人的批评，并暗示自己在别人眼里是多么的不完美，那么自卑的影子将会始终伴随着你，并影响着你的情绪。如果你能将别人的批评置之脑后，用行动来证明结果，那么所有的批评都会不攻自破。如果你能对别人的批评一笑置之，相信受害的人永远不会是你。

查尔斯·舒伟伯对普林斯顿大学学生发表演讲的时候表示，他一生中最重要的一课的老师是一个在钢铁厂里做事的德国老人。舒伟伯先生说："当那个满身都是泥和水的德国老人走进我的办公室时，我问他：'那些人把你丢进了河里，你对他们怎么说？'他微笑着说：'我只是笑一笑。'"

后来"只是笑一笑"成了查尔斯·舒伟伯的座右铭。

当你受到不公正批评时，那就"只是笑一笑"吧！因为别人骂你，你也可以回骂，但那有用吗？当人们面对那些"只是笑一笑"的人，又能说什么呢？面对不公的批评糊涂地笑一笑，未免不是一种豁达，这样就很容易从因批评产生的不悦中解脱出来，从而获得快乐。

▼ 希尔成功箴言

不管有多少人批评，怎么批评，竭尽所能去完成自己想完成的事。我们没有必要把时间花费在反驳别人的批评上，其实自己完成事情的结果就是对别人最有力的反驳。

第11章

注重时效

不让时间偷走你的成功

记住，浪费时间，就是浪费机会。效率就是生命，要把精力集中在那些回报率大的事情上，别把时间花费在对成功无益的事情上。每天都有一个处理事情的先后顺序及进度，并身体力行，定期检查，杜绝懒惰和拖拖拉拉，你的效率会倍增。

不规划时间的人永远是失败者

我已做了所有的打算，其余就交给上帝了。

——拿破仑·希尔

时间是治愈伤痛的良药，但时间也可能产生懊悔的毒。生活中，我们常常听到这样的叹息："哎！工作又没完成"，"唉哟！我怎么又忘了"，"我真后悔，一辈子居然一事无成"。当听到这样的叹息时，真想对他们说，真笨啊，怎么不事先规划好自己的时间呢？时间给我们带来金钱，也会给我们带来懊悔。

在我的成功学中，"合理安排时间"就被看成是黄金定律之一。因为在我看来，用好时间是非常重要的，一天的时间如果不好好规划一下，就会白白浪费掉，就会消失得无影无踪，就会一无所成。

世上有许多人埋怨自己没有成功的事业，可惜他们不知道自己是如何利用时间，怎样安排和设计时间的。

巴西就是一个不懂得规划时间的国家，这一点从巴西人很少有人戴手表就能略见端倪，据说即使戴了表，也不太准确。

一个叫鲍伯的人跟巴西的一家飞机制造公司签约，因为巴西人拥有汽车的很少，只好坐公交车前往。但鲍伯根本不了解巴西的习惯。他甚至提前了15分钟，可是半路上公交车司机竟下车去买早点了。这下可把鲍伯急坏了，因为这家公司的总裁要乘飞机去印度考察，前天吃饭时已经跟鲍伯约好了，让鲍伯9点前赶到，否则这桩1亿多美元的生意就完蛋了。

鲍伯几次想下去找这个公交车司机，可又不知去向。只好坐在车上等了。大约20分钟后，公交车司机才慢慢悠悠地出现了，边走边吃着最后一口三明治，他向乘客说了一句："谢谢大家等我。"才开车上路，等鲍伯赶到那家公司时，公司里的人说老板实在无法等到你，就急着赶飞机去了，说等他回来再说吧！

等鲍伯一个星期后来到这家公司时，公司总裁早已跟别的公司签了约。鲍伯实在感到无奈和愤慨。

读完这个故事，你是否会觉得规划时间是多么重要。事实上，成功者往往很会规划自己的时间，他们守时、准时和省时。在行动之前，他们往往会先规划自己的时间，从不轻易浪费时间，从而能尽量加快实现奋斗目标的进程。

在1964年，美国麻省理工学院做了这样一项调查，他们对近3000名经理做了如何用时的研究，发现这些人有一个共同点，那就是都能做到精于安排时间，使时间的浪费减少到最低限度。无独有偶，《有效的管理者》的作者杜拉克说："认识自己的时间，是每个人只要肯做就能做到的，这是一个人走向成功的有效的自由之路。”

不能逆转、不能贮存、不能再生是时间的最大特点，没有时间就不会有成功，因此我坚持认为：“一切节约归根到底都是时间的节约。”我根据实践经验，将时间规划概括为下列五个方面。

1. 要善于集中自己的时间。做事切忌平均分配时间。将自己有限的时间集中在最重要的事情上，这样才能有效利用时间。

2. 要善于把握时间。把握“关节”，恰到“火候”，在适当的时机出手，这样就会减少时间的损耗。

3. 不浪费自己的时间，也不浪费他人的时间。

4. 要善于利用零散时间。要利用零散时间，见缝插针，从而最大限度地提高工作效率。

5. 要善于运用会议时间。会议是为了沟通信息、讨论问题、安排工作、协调意见的，是提高工作效率的最好手段。

▼ 希尔成功箴言

如果不规划时间，只是盲目地、无限期地去追求自己的目标，你最终也许会走到一片沼泽地，让你终身难以走出窘境。

给自己列出一张时间表

生命就像一盘棋，你的对手就是时间。

——拿破仑·希尔

很多人主张“按部就班”而忽视了时间效益。“按部就班”的前提应该是“合理安排时间”。我之所以提出“合理安排时间”，其中关键之一就是如何合理分配时间。你不妨检查一下自己，在你早晨醒来的时候，你做的第一件事是什么？是先洗脸呢？还是先刷牙？这都在你的安排之内，如何安排你的时间，是你的头等大事，时间安排得当，你一天内就能有序地工作，安排不当就会手忙脚乱，虽然很忙碌，但工作效率并没有提高。

要想做事高效并快速，就得珍惜时间，同时也要学会规划时间，不妨先看看别人是怎样合理安排时间的。

法国大作家巴尔扎克是一个很会设计时间的人，他从小生活在法国的一个镇上，父母是一家纺织厂的普通工人。从小巴尔扎克就酷爱文学，一心想当一名作家，要想成名，唯有抓紧时间学习知识，在上小学的时候，许多同学下课后便跑到学校操场上玩耍，可巴尔扎克并没有这样，眼瞅着小伙伴们玩耍时的快乐劲儿，他也羡慕过。但是，为了实现自己的作家梦，他充分利用下课时间，阅读怎样才能提高写作能力的书籍，当时学校有个规定，小学生是不能读课外读物的，可巴尔扎克把书藏在抽屉里，把课本压在书的上面挪一挪，看一看，同学们都以为巴尔扎克在读课本，老师就更不会知道了。

随着时间的推移，巴尔扎克已经升到了初中，他的作家梦也在一步步靠近，终于有一天，一家小报上刊登了一篇《我的同学》的文章，作者是巴尔扎克。这篇文章的发表，更加鼓舞了巴尔扎克的信心，他更加勤奋了，白天在学校上课，晚上看一些名家名著，总是珍惜着一分一秒的时间，往往是在父亲的恐吓下才肯丢下书本去睡觉。

功夫不负有心人，巴尔扎克终于成功了，他成了一名大作家，地位变了，可他的时间观念仍没有变，为了更有利于写作，在他办公桌的玻璃底下、卧室、书屋，到处都有一张时间表：

8：00～17：00 除用餐外，校对修改作品清样。

17：00～20：00 晚餐之后外出办理出版事务。或进古玩店过把瘾，寻求一件珍贵的摆设或一幅古画，或拜访朋友。

20：00 阅读书籍或各类报刊。

20：30 正式就寝。

0：30～8：00 写作，夜半准时起床，一直写到天亮。

这位每天只睡4个小时，身高不足1.6米的文学巨匠，摒弃了巴黎的繁华和喧嚣，一个人静夜独坐，手握鹅毛笔管，蘸着心血和灵感，写了96部小说，演绎了一部《人间喜剧》。

热爱生活，珍惜时间的巴尔扎克只活了51岁，他的作品却使他流芳百世。

从古到今，成功者大都能严肃地对待时间，怕时间流逝，怕时间荒废，他们总是把时间和生命紧紧地联系在一起，总是利用每一分钟创造他们所期望得到的。

我们应该像巴尔扎克那样，把自己的时间安排写下来，贴在自己最容易看到的地方，这样，在自己猛然抬头时发现，就更容易推动自己去抓紧利用时间。自己设计一个时间目标，用目标去推动行动，这不更有利于成功吗？

▼ **希尔成功箴言**

学会怎样利用时间，让时间的分分秒秒都能为你发挥光和热。这样，你就会觉得时间原来是真的那么重要，从而使你重视时间，让时间推动你的行动。

学会24小时的统筹兼顾

聪明的人谈现在，愚蠢的人谈过去和未来。

——拿破仑·希尔

造物主给每个人分配了相同的时间，那么为什么有的人在短时间内就成功了，而有的人一辈子也做不成一件大事呢？原因该到哪里去找呢？其实原因很简单，前者在时间上运用了统筹兼顾的法则，这一法则为他起到了一个机理分明的作用，使他做事面面俱到而又有条不紊。而后者却不然，丢三落四不说，还弄得自己手忙脚乱。

那么，什么叫统筹兼顾呢？就是当我们每天面临一件或几件事时，能给这些事合理地安排时间。我们以天为单位，利用好每一天，我们就会成功。这里，我们就从一天的时间安排说起。比如说，一天有 24 小时的时间，按照你的生活习惯和作息时间来这样安排时间：每天需要休息，把休息时间安排在 22：00～6：00 这段时间内；每天早上要吃早餐，要了解早晨的新闻，把这两件事安排在 6：00～7：30 这段时间；接着是去往工作单位的路上，这段时间估计用去 30 分钟，同时也可以利用这段时间对一天的工作做一个大概的安排，8 点钟准时到达工作地点，必须准时，千万不可以迟到哟！当然不可能，因为你正为这一切做着安排。

8：00～16：00 这是你工作的时间，在这段时间内，你要兢兢业业，自己的工作一定要在这个时间段全部完成，如果有遗留工作等待明天去完成，这样就打乱了你的作息制度，当然，也就失去了统筹兼顾的意义。

16：00～16：30 是你回家的时间，在这个时间内你完全可以想一下回家以后要干什么，或者你也可以回顾一下今天的工作情况，你完全可以对自己做出的成绩高兴一会儿。

16：30～22：00 这段时间便是你的机动时间。这时，你自由了，完全轻松了。你可以拿起球拍找一个你心仪的女孩，痛痛快快地打一场。或者去看一场获得奥斯卡金像奖的好莱坞大片……但千万不要忘了22：00后你就得休息了，如果过了这个时间，你还没有睡觉，第二天的精力就不会像以前那样充沛，那么你的工作效率也就打了折扣。

这样统筹兼顾地安排你每一天的时间，当然，你可以根据具体情况另订自己的作息时间表，你的生活不就井井有条了吗?

如果你能按照上面统筹兼顾的法则去安排时间，你的每一小时，每一分钟都不会浪费，不论你干什么事，在你判断出事务的性质以后，你就能给它安排出最短时间，并把它完成得最圆满。那样你也就真正地领会了统筹兼顾的要领。

考斯特是我最亲近的朋友之一。年轻的时候，他的大名在宾夕法尼亚妇孺皆知。

为什么考斯特的知名度如此之高？那是因为他在本年度代表宾夕法尼亚参加了美国的全民运动捧回一块金牌，所以一下子成了公众人物，那么你知道那时候他的一天是怎样度过的吗?

每天早晨5点他准时起床，与一般人生活规律不一样的是，他起床后的第一件事是跑到公路上进行长跑训练，在长跑过程中还不时地和来往的车辆打招呼。这是为了增添训练中的趣味。跑上20公里后，再返回来，回到家里已经是7点了。

到洗澡间洗漱完毕出来，开始吃早餐，早餐过后，他背起书包，这时正好7：30，到8：00正好跑到学校，这一段路程是8公里。8：00～16：00是他在学校里学习文化课的时间。因为精力充沛，他学习成绩一向很好。16：00～17：00是课外活动时间，因为爱好与兴趣广泛，文体项目样样精通。课外活动时间也是他为同学们在篮球场上做"体育表演"的时间，同学们经常为他一个绝妙的进球大声喝彩。无论怎样高兴，考斯特都能很好地控制自己，决不会玩过了头。17：00准时向家里跑去，17：30到家，放下书包，稍稍休息。18：00便又开始了比早晨短一半路程的长跑。19：00便又回到家里，这时晚饭再过10分钟就好了，这10分钟正好是考斯特洗漱休息的时间，20：00晚饭结束。开始观看一天电视新闻，21：00～21：30复习当天的功课。21：30便上床睡觉了。

这便是考斯特的一天，就因为他有这样规划清晰的每一天，所以在3年后他代表宾夕法尼亚从纽约捧回一块金光闪闪的奖牌。

当你看到这里，对考斯特能捧回一块金牌还感到惊奇吗？无疑，对时间的统筹兼顾是"时间安排"的具体体现，其核心是在不同的时间做最适合的事情。这种安排方式，不仅能充分利用时间，更能促使人快速地达到自己的既定目标。

▼ 希尔成功箴言

在时间上统筹兼顾的作用是，它不但能使你的生活井井有条，也能大大提高你的办事效率。所以，对时间进行合理安排，等于延长了你的生命。

善于利用零散时间

很多人抱怨事情占用了太多的时间，其实，时间就藏在事情的间隙中，就看你会不会找到和利用它。

——拿破仑·希尔

时间对每个人都是公正的，人人不断拥有时间，人人又不断丧失时间。而这些时间大多是零散的，易被人们忽略。时间的特点是，既不能逆转，也不能贮存，是一种不能再生的、特殊的资源。我认为，一切节约归根到底都是时间的节约。那么，我们该如何节约时间呢？

我还是以自己的经历来说明这个问题吧。

在未来的两天时间内，我的计划是采访托马斯先生（爱迪生），在一般人看来，这两天除了采访，我会没有时间干其他事，但事实并不是这样，我早早地用完餐，比托马斯提前半小时来到会客室，我利用等待托马斯先生的时间修正我的采访纲要；在托马斯临时抽身出去的时候，我就联系好了下一个采访对象，在托马斯休息的时候，我会整理采访材料。所以，采访一结束，我就能及时将完整的稿件交到总编手上，而其他人则需要一天来整理采访文稿。……很多人抱怨事情占用了太多的时间，其实，时间就藏在事情的间隙中，就看你会不会找到和利用它。

不是在吹牛，在杂志社，我是工作效率最高的一个，这可能也是老板器重我的原因之一。

我懂得将很多零散的时间利用起来，所以，我工作起来比其他人要快速得多。后来，我在研究成功人士的时候发现，能够利用零散时间，也是这些人的共同特点。比如爱迪生就这样说过："人生太短，要干的事太多，我要争分夺秒。"

利用零散时间就是利用一些"非正规"的时间去做一些事，例如去洗手间时可以浏览下当天的报纸以了解时政要闻，在等客人的时候预约一下你要见的下一个客户；下班后乘坐公交车或者地铁回家的时间，这个时间至少也要四十分钟，可以用来看看书、听听英语等。一个人会利用零散的时间，就是爱护自己的生命，就是一种价值创造。这样的人总会受到别人的青睐。

在火车上，一个小伙子一直在不停地写着东西。旁边的中年男人发现，小伙子在给客户写短笺。

中年男人说："小伙子真不错，在这两个小时里，你一直在给客户写信。你是一个称职的业务员！"

小伙子抬头笑着对中年男人说："是呀，如果不是出差，现在就是我的上班时间。也是我做这些事情的时候。"

或许是中年男人被小伙子的敬业精神感动了，他向小伙子表达了希望他能够成为自己的得力助手的愿望。他说："我想请你到我的公司来做事，尽管我知道你是很多大老板器重的那一类人，但是我会给你提供更好的待遇。"中年男子说。

小伙子笑了笑："谢谢你，不用了，因为我也是一个老板。"

如果你能像故事中的小伙子一样，充分地利用好零散的时间，那么你也会成为一个老板，成为成功人士。所以，为了自己的成功，就应该学会管理时间，不让每一分每一秒白白浪费掉。

伟大的生物学家达尔文在有效利用零散时间方面堪称楷模，他曾说："我从来不认为半小时是微不足道的一点时间。"把时间积零为整，精心使用，这是古今中外很多名人取得辉煌成就的奥妙之一。

我们应该意识到，很多时候，时间并不是以整块的形式出现的，比如等人的间隙，和人闲聊中，甚至出差时你提前到了机场，很多时间往往就这样白白地被浪费了。但是，只要你抓住时间行踪，珍惜并利用它们，它们就能让你发挥出效益。

很多时候，充分地利用好零散时间，积少成多，从而更好地把握整个人生的时光，这等于是延长了自己的生命。当你经常利用这些隐藏的、短暂的时间，你就比别人快一步抓住机会——人与人之间的差距往往就是这样拉开的。

▼ 希尔成功箴言

莎士比亚说："放弃时间的人，时间也会放弃他。""时间会冲破青年人的华丽精致，它会把平行线刻上美人的额角；它会吃掉稀世之珍、天生丽质，什么都逃不过它横扫的镰刀。"

第12章

懂得理财

你不理财，财不理你

拿破仑·希尔发现，合理的金钱管理对一个人的成功也起着至关重要的作用。借助于金钱管理这块“魔方”，你成功的速度可能远远超过任何一种成功的方法。那么，该如何去遵循希尔的“理财决定成功”这个定律呢?

储蓄让你得到更多的成功机会

对所有成功者来说，存钱是他们必做的功课之一。

——拿破仑·希尔

有人拿我和马登相比，以此来发现我们之间的异同。我告诉各位，在我的成功学里，不仅立足于对人的心理意识的潜能提升，其独特的理财方法也是成功学中的重要一部分。我会从家庭和个人的视角，阐述理财对个人成功的巨大作用。

我有一位很亲密的朋友，他每个月的收入是 1 万美元。不幸的是，朋友的妻子热衷于“社交”，通常在一个月会花去 1.8 万美元，他们一家在一个月便会有 8000 美元的债务。

孩子们长大了，快到了上大学的年龄，但由于家里负债累累，他们想上大学已经是不可能的事了。

结果造成孩子们与父亲发生争吵，一家人因此陷于冲突与悲哀之中。

这件事引发了我对家庭存款意义的深层次的思考，因此我在《思考致富》一书中指出：“对所有成功者来说，存钱是他们必做的功课之一。”我这样提议：“一个人想要成功，储蓄是不可缺少的。一个人如果不去储蓄，一是他将无法获得持有现金的人才能获得的成功机会，二是在遇到急需现款时将无法应付。”在我的眼里，储蓄能增加成功的机会。

巴布托在一家小印刷厂工作，周薪是150美元，他在银行开了一个户头，每周存款50美元。很快，他有了1万多美元的存款。

这一年，印刷厂发生财务困难而面临倒闭。

热心的巴布托拿出自己存下来的1万美元来挽救印刷厂，作为回报，印刷厂的老板给了他一半的股份。

做了老板的巴布托在印刷厂采取了严密的节约制度，慢慢地让工厂还清了所有的债务。第二年，工厂开始盈利，他每年可从厂里拿到25万多美元的红利。

如今巴布托已经是一个大型印刷厂的老板了。

巴布托的成功源于对财富的积累。要是没有那每周存下的50美元，那么他就没有能力去挽救印刷厂，更不会当上印刷厂的老板了。可以说，很多成功人士往往都离不开存储金钱，从某种意义上说，是储蓄给了他们成功的机会。

福特汽车公司刚成立时，因为公司在推动汽车的生产及销售，所以需要大量资金。于是，亨利·福特向朋友求救。朋友柯仁斯手上有一些积蓄，他联系其他朋友，很快给福特凑出了足够的资金。后来，柯仁斯和那些朋友获得几百万美元的红利。

洛克菲勒最初周薪只有40美元，但他有这样一个习惯：每周存上10美元。

洛克菲勒想投资石油事业，虽然这是个需要大量资金的行业，但由于洛克菲勒养成了储蓄的习惯，在想自己做事的时候已经有了一定的资本。因为已经有了维持石油开发的资本费用，所以他很顺利地借到了所需要的资金。

已故的摩根先生曾说，他宁愿贷款百万元给一个品德良好而且有储蓄习惯的人，也不愿贷款一分钱给一个没有品德且只知花钱的人。

从这些成功者的经历和言语中我们不难发现，机会只提供给那些手中有余钱的人，或是那些已经养成储蓄习惯，而且懂得运用金钱的人。

对所有的人来说，存钱是成功的基本条件之一。其实，储蓄是最传统、最普通的理财手段。储蓄是一种习惯的培养，以下我介绍的几种储蓄法，用心去学，一定会让你养成存储的习惯的。

1. 目标储蓄法。根据家庭实际收入状况，制定切实可行的储蓄措施。

2. 计划储蓄法。领取薪水后，不妨留出必需的生活费用和开支，再将余下的钱按照用途分配好，最后将余钱存入银行，或者进行必要的投资。

3. 节约储蓄法。大力减少不必要的开支，用节约下来的钱参加储蓄。要经常检查开支的必要性，以减少那些不必要的开支。

以上是理财的一些小方法，不妨酌情使用。大富翁哈默有这样一个测算：如果我们每天在银行存上 1 美元，那么在 88 年后，就能得到 100 万美元。88 年的确长了一点，但是，你可以每天存上 2 美元，这样，在 10 年、20 年后，你成为百万富豪也是很容易的事。哈默给我们的启发是，实行这种“有耐性”的积蓄，会让人得到意想不到的财富积累。

▼ 希尔成功箴言

生活中，很多人把储蓄当成是对自己消费的一种限制，因此拒绝存储现金，殊不知，储蓄不仅存储的是金钱，更为自己存储一份成功的机会。

借鸡下蛋：借贷是撬动财富的杠杆

财富垂青于那些张开双臂欢迎它的人。

——拿破仑·希尔

创办事业须有一定的资金，才能使自己的事业有效地运转起来。如果没有一定的经济力量作为支撑，不论是多么好的目标、设想和计划，只能是纸上谈兵，资金才是维系事业生命的血液。

在我的眼里，缺乏资金不是阻止一个人成功的决定因素。很多时候，一个人找钱的能力比他拥有多少钱更重要。在这里，我提醒亲爱的朋友们，成功与否，就看你会不会利用别人的钱。

美国著名的小商品经营大王格林尼说过这样一句话：“真正的商人敢于拿妻子的结婚项链去抵押。”这不正是提醒人们在经商过程中要勇于借贷吗？利用借贷的款来使一个人的小耕耘变成大收获，借贷是撬动财富的杠杆，一个人如懂得利用这个杠杆，往往会获得事业的更大发展。

美国船王丹尼尔·洛维格，就是一个依靠借贷起家的商业天才。

洛维格生于美国密歇根州一个很小的城镇，他的父亲是房产中介。在他11岁的时候，他偶然听到邻居家有条船沉在了水底，船主人不想要它了。于是，他向父亲借了50美元，雇人把船打捞上来，然后以100美元的价格转手卖了出去。“借贷”让他赚取了50美元。

后来，洛维格用银行的钱买了船，他把船租出去赚钱还了贷款，这样增强了银行对他的信任度，他又想办法借更多的钱去买船……如此一来，像滚雪球似的，一艘又一艘大船被他买来。等到贷款一旦还清，整艘船就属于他了。随着一笔笔贷款逐渐还清，出租船所赚的钱不用再来抵付给银行了，而转进了他的私人腰包。

就这样，洛维格从白手起家，使自己成为世界上最有钱的富豪之一。

事实证明，许多富人之所以成为富翁，那是因为他们能充分利用借贷。世界上许多巨大的财富起始之初都是建立在借贷之上的。靠借贷发家是白手起家经营的明智之举。记得法国著名作家小仲马说过这样一句话："商业，这是十分简单的事。它就是借用别人的资金！"

伍德拉是美国可口可乐公司的前任董事长，在他看来，一个有实力的商人是不会负债的，在一次经济萧条前，他偿清了自己的全部贷款。

一次，公司里一位财务负责人要借1亿美元去筹建新项目，他马上回答说："放弃吧，可口可乐永远不借钱！"他的"谨慎"让可口可乐公司在经济大萧条中没有受到影响，但是，因为公司长期得不到发展，可口可乐公司不能进入美国大公司之列。

这样的局面一直延续到戈苏塔担任公司董事长的时候，戈苏塔接手后，为了公司的发展，不惜大举借款。原来的负债不到公司资本的2%，戈苏塔把长期债务增到资本的18%，戈苏塔用借来的钱改建可口可乐公司的瓶装设备。公司虽然负债了，但利润增长20%，股票也开始上涨。

事实证明，获得巨大财富往往都是建立在借贷上的，所以，我们要敢于借贷、善于用贷、巧于用贷。不敢借贷的人，往往在商场上都成不了什么气候，只有那些勇于向银行贷款、懂得为自己的事业举债的人才会走向成功。

▼ 希尔成功箴言

在创业的初始阶段，一般都没有多少本钱，那么怎样才能让自己在最快的时间里获得更多的财富呢？最好的办法就是用别人的钱做自己的生意，也就是借鸡下蛋。

学会“算计”，你才会成功

把你的全部思想用来做你想做的事，而不要留半点思维空间给那些胡思乱想的念头。

——拿破仑·希尔

在《思考致富》中我写道：“要想积累过多的财富，首先就要学会节俭。不管你多么富有，绝不能随意挥霍钱财。”对于个人财富的积累，我提倡要通过合理地运用和打理而实现增值。洛克菲勒说过：“对钱财必须具有爱惜之情，它才会聚集到你身边。你越尊重它，珍惜它，它越心甘情愿地跑进你的口袋。”

“吃不穷穿不穷，算计不周一生穷。”在赚钱的时候要懂得精打细算，把钱用在该用的地，这样，你才会聚集巨大的财富。

“紧紧地看住你的钱袋子，千万不要随意花出去。用掉一分钱有两分钱利润的时候，你才可以花出去。”这就是巨富洛克菲勒的信条，他的一生从始至终都对金钱进行着“算计”。

早年，洛克菲勒在石油公司做焊工，他细心地发现，每焊接一个油桶会掉落 39 滴焊渣。他想：要焊接无数只油桶，一定会因此浪费很多焊条。于是他改进了焊接方法，将焊渣减少至 38 滴。积少成多，少了一滴铁渣，但 1 滴却给公司带来了每年 5 亿美元的新利润，洛克菲勒因此获得了晋升。

成为亿万富翁以后，洛克菲勒十分注重节约。洛克菲勒要求提炼一加仑原油一定要将成本精确到小数点后 3 位数。

一天，洛克菲勒质问一个炼油厂的负责人：“东部的一个炼油厂提炼一加仑原油只花 19.843 美元。干同样的工作，为什么你们却花费 19.849 美元?”

每天他都会看有关成本和利润的报表。多年的商业经验让他常常能从中发现问题，并且以此为指标考核每个部门的工作。

我在研究那些成功人士后发现，有很多老板，对任何的开支都是精打细算，为的就是尽量降低成本，减少费用。他们总是说：“要把 1 美元当作 2 美元来使用。如果在一个地方错用了 1 美元，并不就是损失 1 美元，而是花了 2 美元。”因此，我们一定要注意节俭，千万不要养成大手大脚的习惯，因为节俭会保障一个人顺利走向成功。

三菱集团的创始人岩崎弥太郎曾说："我认为涓滴的漏比溢出来的还可怕，因为酒桶如果有个大漏洞，谁都会很快发现，但是，桶底有个毛发般的小孔，却不大容易被注意到。"

创业初，岩崎弥太郎就注意从微小处节俭。他要求在开会前要估算参会的人每一秒钟价值多少，这样来算出会议的"成本"，然后让与会者意识到节约时间的必要性。另外，公司在接待来客时，一般不安排隆重的宴会招待，也不派专车接送，这也是出于节俭的考虑。

在很多成功者身上，我们都能见到节俭的品质，这种品质成就了他们的成功。英国市场研究所所长思坦勒在对近20年中涌现的百万富翁做了专门研究后说："他们中靠运气和遗产致富的人已不多见，绝大多数人的财富是建立在勇于进取、发奋创新、严于律己和勤俭节约的基础上。"

花钱就像跌跤，跌下去的时候不会痛，爬起来才会痛。很多人在大手大脚地花钱时觉得没有什么，但当钱花了之后，在需要钱的时候，就会觉得自己是在浪费了。你看见的总是富人在投资的时候一掷千金的大气，你看不见他们勤俭节约的那种"小气"。在钱财的处理上，如果你能和他们一样精打细算，那么你就不会有摔跤之后的疼痛。

▼ **希尔成功箴言**

财富积累的过程，形象地说就是开源节流。努力挣钱是开源，设法省钱是节流。巨大的财富需要努力才能追求到，同时也需要杜绝漏洞才能积聚。

向内行人求教，你不再是理财“菜鸟”

智囊团原则就是使他人的智慧与自己的智慧结合在一起，这正是获得力量的秘诀。

——拿破仑·希尔

在《思考致富》中，我这样说过：“财富可以花力气挣来，也可以通过资本运营来获取。后者是最聪明的致富方式。”我认为，懂得理财的人才能走向成功，因此，“合理安排钱财”成为我成功定律的一部分。但遗憾的是，在现实生活中，有一些人收入非常丰厚，但是他们的生活却经常因为缺钱而苦闷，其中的原因就是缺乏理财的能力。这些人很会挣钱，但却不会合理安排钱财。那么，该如何提高自己的“财商”呢？

在我身边的很多朋友都会意识到理财的重要性，很多人专门聘请了专业的投资理财顾问，帮助他们规划理财目标，制定理财方案。所以，假如你是一个理财“菜鸟”，那么就多向内行人请教吧。

如今，银行也开办了代客理财业务，民间也有专业的理财顾问公司，它们都能为我们提供各种个性化的中长期的理财规划。所以，不懂理财没关系，只要你乐于请教，你也会因为“合理安排钱财”而获得成功。

巴比伦最有钱的人叫阿卡德，他的富有就是源于善于向他人请教。

阿卡德最初是一个陶砖雕刻工，有一天，富翁欧格尼斯急着让他雕刻一块陶砖。阿卡德说，他愿意熬夜赶着雕刻，但条件是要欧格尼斯告诉自己致富的秘诀。

欧格尼斯同意了。

当阿卡德及时完成了雕刻工作后，欧格尼斯告诉阿卡德：“致富的秘诀是，将赚的钱存下来一部分。不管你赚得多么少，你一定要存下十分之一。”

一年后，当欧格尼斯再来的时候，得知阿卡德照着做了，就问阿卡德：“那存下来的钱，你如何使用呢？”

阿卡德说：“我把它给了砖匠阿卢玛，让他从菲利人那里带回稀有的珠宝，我们把这些珠宝卖出去，然后平分利润。”

欧格尼斯听后对他说：“只有愚蠢的人才会让砖匠去买珠宝，下次你买珠宝的时候，应该去请教珠宝商，买羊毛去请教羊毛商，和外行人做生意，你的存款一定会赔光的！”

果然，阿卢玛被菲利人骗了，买回来的是玻璃，只是看起来像珠宝。

阿卡德继续存下所赚的钱的十分之一。第二年，欧格尼斯再来的时候，知道情况后又询问阿卡德："那存下来的钱，你如何使用呢？"

阿卡德回答："我把钱借给了铁匠去买原料，然后他付我利息。"

欧格尼斯说："不错，那么你如何使用你的利息呢？"

阿卡德说："我把赚来的利息拿来吃了一顿大餐，并为妻子买了一些首饰，我还计划买一头驴。"

欧格尼斯听后叹了口气说："你把钱的'儿子'吃掉了。记住，只有当你赚了足够的财富时，你享用后才会没有后顾之忧。"

又过了几年，欧格尼斯又来问阿卡德："你成为一个富有的人了吗？"

阿卡德说："还没有，但是我已存下了一些钱，然后钱生钱。"

欧格尼斯又问："你还会向砖匠请教事情吗？"

阿卡德说："我只向他请教造砖的事。"

欧格尼斯说："我想，你已掌握了致富的秘诀。首先你学会了储蓄，其次你学会了向内行的人请教意见，你还懂得让钱为你工作。"

这个故事看似简单平常，却反映了八千年前的巴比伦人理财的智慧：致富之道在于听取专业的意见，成功的人都是善于管理、维护、运用、创造财富的。打开心胸，听取专业的意见，就会掌握正确的理财方法。懂得将金钱放在稳当的生利投资上，让钱生钱，源源不断地去创造财富。古老的理财致富之道，到现在还是一样适用。当你学会并运用它们之后，你也会掌握获得财富的智慧，这样，你就有可能快速变成一个富有的人。

▼ 希尔成功箴言

在进行投资理财之前，你不可能对所投资的行业了如指掌。这时，你就需要听听内行人的建议，切忌盲目投资自己所不熟悉的行业。

第13章

身心健康

活得漂亮才能赢得漂亮

“活得漂亮才能赢得漂亮。”的确，一切成就，一切财富都始于健康的身心；健全的心灵和健康的身体，是成功的基本保证。拿破仑·希尔提醒我们：要成功，就要保持身心健康。

成功需要远离不良心理

你的健康乃是你最有价值的资产之一。

——拿破仑·希尔

心理健康的人，对一切事件会做出积极反应，而有些人，因为自身的经历，造成他们不能适应工作环境，在职场上处处与人格格不入或不相协调，给同事一种“脾气古怪”的感觉。这种人格障碍也称“心理病态人格”，患者常以固定的反应方式对环境刺激做出反应，在知觉与思维方面产生适应功能的缺损，增进自觉的痛苦，常常运用对社会不公正的、不得体的行为模式。

我相信健康人格对成功的作用，我认为一个人一旦有了人格缺陷，他就会做出对社会不利的行为。因此，要远离不良心理。

生活中就是这样，有些人看似优秀，但优秀往往只是他的一面，在他的另一面，往往会存在异常心理和变态心理，这会让他在瞬间落入失败的深渊。

马克学习努力，成绩优秀，他获得过全美优秀学生奖、美联邦中学生理科联赛冠军。在学校里，他被老师称为“天才优秀生”，在家人眼中，他是出色的“好孩子”。1944 年，18 岁的马克因为成绩优秀被哈佛大学录取，享受学校一等奖学金。天才马克因此成了他们小镇上的骄傲。

可是，1945 年，马克因为残忍地杀死两位室友而被警方逮捕。那么，究竟是什么原因让一个优秀青年蜕变成一个杀人狂魔呢?

原来，马克出生在一个单亲家庭，父亲在他三岁的时候因为贩毒而被捕入狱，从此就再也没有回来。母亲是个收入微薄的超市售货员，因酗酒，马克自小只能和年迈的外婆生活在一起。

贫困的生活和缺少父母关爱让马克内心充满自卑，性格变得内向、孤僻和倔强。他总喜欢独处一隅。因为不善于交际，身边也没有朋友。成绩优秀似乎暂时掩盖了性格上的缺陷，所以在很多人眼里，他还是个好孩子、好学生。

在哈佛，他和两个来自伦敦的学生住在一起，但马克和他们很少打交道。室友经常将漂亮的女朋友带到公寓里来，因为马克从没交过女友，室友因此经常嘲笑马克。不仅如此，他们还嘲笑马克穿的衣服是“便宜货”。

因为经常这样遭到室友的羞辱，马克对他们充满怨恨。“迟早我会杀了这两个魔鬼。”马克不止一次在日记中这样写道。

这天，马克的心情很不好，因为妈妈来电话说外婆病重了。巧的是，两个室友将女朋友带回公寓狂欢，这更加刺激了马克。就在这天深夜，充满怨恨的马克趁室友熟睡时残忍地将他们杀死了。

就这样，哈佛的优秀生因为一级谋杀而遭终身监禁。

后来，犯罪心理学家分析了马克的犯罪动机发现，引发马克杀人的本质原因不是室友的侮辱和嘲笑，而是源于马克心理上的缺陷。心理学家从不同的角度来论证马克是一个性格自卑、内向、孤僻、以自我为中心的人；因为马克有人格障碍，属于分裂型和攻击型，前者使他对人冷漠、语言怪异可笑，后者则使他脾气暴躁、具有攻击性。

一个人的心理要是不健康，他就难以正确估价自己，难以对社会做出恰当的反应，难以正确地处理人际关系。这些人的行为往往会超越社会的伦理道德规范，做出违反法律或扰乱他人的行为。所以，拥有一个健康的心理是成功的保障，哪怕是一个已经取得一定成功的人，要是没有一个健康的心理，迟早要为此买单。所以，我们一定要检查自己是不是有这样的心理，并及时清除这些不良心理，不让畸形的心理毁了我们的人生。

▼ 希尔成功箴言

性格决定命运。一个孤僻、易怒、固执、轻率、自卑、焦虑和充满嫉妒的人，他不可能融入社会，不可能与人和谐相处，不可能合理地处理事情，成功也是无稽之谈。

嫉妒来了，失败也来了

存在嫉妒情绪的人伤害的首先是自己，因为他无法把时间、精力和生命放在人生的积极进取上，而是忐忑地面对日复一日的蹉跎。

——拿破仑·希尔

嫉妒就是通常所说的“红眼病”，看到他人优于自己，心里就不高兴，认为是对方将自己放到了一个底层，造成了人世间的差异和不平等。

有嫉妒心的人，自己没有能力做事，便尽量低估他人的能力，希望别人也和自己一样，或者用怀疑别人、诬蔑别人的办法，来诋毁别人所拥有的能力或取得的成就，所以，嫉妒来了，失败也来了。

我把嫉妒看成人的一种阴暗心理。一个人发现自己不如别人时，不是去努力提高自己，而是贬低别人，这种行为便是嫉妒，其实就是用别人的优点来贬低自己，嫉妒就是心灵的牢狱。

毋庸置疑，心理阴暗的人决不会取得很大成就。德国有一句谚语：“好嫉妒的人会因为邻居身体发福而越发焦虑。”喜欢嫉妒的人，别人年轻貌美他嫉妒，别人有房有车他嫉妒，别人才华出众他嫉妒，别人工资高他嫉妒，别人的孩子聪明能干他嫉妒，别人的妻子漂亮他嫉妒，别人出国留学他嫉妒……于是，这样的人总是把精力用在愤愤不平中，人生的成功又从何谈起？

我经常给人讲这样一个关于嫉妒的寓言：

有一个人偶遇上帝，于是就祈求上帝满足他的一些愿望。

上帝说：我可以满足你任何一个愿望，但前提是，你的邻居都会得到双份。这个人高兴不已。但是，这个人有很强的嫉妒心，他想到：如果我得到一群牛羊，我邻居就会得到两群牛羊了；如果我要一箱金子，那邻居就会得到两箱金子了；更要命的就是如果我要一个美女，那么邻居就会得到两个绝色美女……他想来想去，不知道提出什么要求才好，感到自己怎么做都不合适，因为邻居都会比他得到的多。他实在不甘心让邻居比他更占便宜。最后他一狠心：“上帝呀，你砍去我一条腿吧，这样，我才会安心。”

一个人失去了一条腿真的会安心吗？我看未必——心残加上身残，他会因为嫉妒那些身体健全的人而多了一份灾难。他本来是有更好的选择，可是因为嫉妒，让他失去了可以获得的东西。卡耐基在《人性的弱点》中说道：“嫉妒就是这样的一把小刀，藏在心中，会刺痛自己；藏在外面，会刺伤别人。”所以，必须告别嫉妒，偶尔心中有一丝嫉妒的火苗，我们都要及时将其扑灭，绝不让嫉妒这一星星之火点燃，进而毁灭我们的灵魂。只有告别嫉妒，才能重塑一个更完美的自我。

▼ 希尔成功箴言

法国作家巴尔扎克说："嫉妒者受的痛苦比任何人遭受的痛苦都大，他自己的不幸和别人的幸福都使他痛苦万分。"

为"忧虑心理"筑一道"防火墙"

随时随地都应表现出真实的自己，没有人会相信骗子。

——拿破仑·希尔

卡内基曾经这样对我说："希尔……其实很多小忧虑也是如此，我们都夸张了那些小事的重要性，结果弄得整个人都很沮丧。我们经历过生命中无数狂风暴雨和闪电的袭击，可是却让忧虑的小甲虫咬嚼，这真是人类的可悲之处。"

我在很长一段时间都在思考卡内基的这句话，卡内基的话让我意识到，一个人如果忧虑太多，将阻止他前进的脚步。而忧虑的隐蔽性常常让人看不到它给人带来的负面影响。这时我才明白，忧虑是一种不健全的心理表现。

其实，心中的世界是什么样，自己的世界就会是什么样。能成大事业的人，都善于舒散心情，他们多半有着豁达的胸怀和开朗的性格，能够在繁忙激动之后，放松自己，享受宁静，静观外界发展，筹算未来的进度，并恢复元气和冲力。

人生总有很多事我们不能左右，与其在焦虑、沮丧中活，还不如干脆就不去想。

凯瑟琳·赫本成名以前，有一场非常关键的演出，正是这场演出，使她一夜之间闻名世界。但在她正要演出的前十几分钟里，她真正感受到了压力。她感到紧张，呼吸急促，觉得自己无法演出了，所有她知道的方法都试过了，她认定自己的嗓子出现问题了。她告诉医生说，她觉得自己将要瘫痪了，几乎没有办法移动。

医生也注意到了她的变化，关切地问："你怎么了？"

"我突然非常害怕，四肢无力。感到前所未有过的紧张，这一次演出跟以前大不相同。"

"没关系，"医生安慰道，"你是一位实力派的艺术家，你只是有点紧张，一定能克服的。正好我这里还有种新药，可以克服情绪紧张，效果会很好。"

接着，医生从药箱里取出针管和一小玻璃瓶药水，并用针管给赫本注射了。

医生做完所有的工作后，向赫本保证道："这是一种特效药，效果会又快又好。"

"慢慢坐下，不要想观众想演出，放松放松。"

几分钟后，赫本真的平静下来了。

"太谢谢您了，这药效果真的很好。"赫本高兴地说道。

演出开始后，赫本信心百倍地上台，赢得了观众热烈的掌声。后来在庆功会上，医生过去向她道贺："恭喜你，这是你最精彩的一次演出。"

"谢谢您。"赫本说。

"不，你不要感谢我，你应该感谢你自己，我没有做什么。你知道吗？演出前我只是给你注射了一瓶生理盐水，没加任何药物。"

忧虑不需要任何药物就可以治好，可见，忧虑纯粹是人的心理作用。而人的很多失败往往就在于自己是否当了忧虑的俘虏。法国的乔治·桑说："心情愉快是肉体和精神上的最佳卫生法。"马克思也说过："一种美好的心情，比千剂良药更能解除生理上的疲惫和痛楚。"

忧虑甚至会使最强壮的人生病。在美国南北战争的最后几天中，格兰特将军发现了这一点。故事是这样的：

格兰特围攻里奇蒙德有九个月之久，眼看对手就要被打败了。

但是，敌手让人放火烧了里奇蒙德的棉花、烟草仓库和兵工厂，然后在烈焰笼罩的黑夜里弃城逃走了。

但是，格兰特还是包围了敌军，可是这时，格兰特居然患上了剧烈的头痛，让眼睛半瞎的格兰特无法跟上队伍，于是，他停止对敌人的围剿，在一个农夫家里休息。

"我在农夫家过了一夜"，他在回忆录里写道，"我把脚泡在冰冷的芥末水里，将芥末药膏贴在我的两个手腕和后颈上，希望这样能让我快速康复。"

第二天清早，格兰特果然复原了。可是使他复原的，不是芥末，而是一个带回敌军降书的骑兵。

“早晨时，我的头还疼得厉害，可当那个军官将敌军的投降信递给我的时候，我感觉自己完全康复了。”格兰特说。

显然，格兰特是因为忧虑、紧张和情绪上的原因才生病的。一旦他在情绪上恢复了平静，病也就立刻好了。所以，忧虑对人的身体是一种摧残，不让自己活在忧虑中是一个人最聪明的活法。马克·吐温晚年时曾经感叹：“我一生的太多时候都在忧虑一些从未发生过的事。没有任何行为比无中生有的忧愁更愚蠢得了。”

忧虑会让人生变得很糟糕，我们要认识到忧虑心理给人带来的危害，为“忧虑心理”筑一道“防火墙”，有了忧虑，也要及时排除它。因为一个人只有心理健全，才能在成功的路上走得更远。

▼ 希尔成功箴言

忧虑使很多人不敢尝试，害怕涉足未知的领域，没有勇气面对失败。忧虑的人往往把困难和危险放大，当你真的走进时，发现那只是幻觉。

以怨养怨是痛苦的泥潭

一个抱怨会引起无数个抱怨，一个痛苦会衍生无数个痛苦。所以，“以怨养怨”是痛苦的泥潭。

——拿破仑·希尔

在这个世界上，几乎每一个人都会时不时地因为一些人和事而处在这样或者那样的抱怨之中，但聪明的人往往能够自己化解抱怨，而愚蠢的人却常常为或大或小的不如意而牢骚满腹，继而引来更加深重的抱怨。

有位心理学家曾经做过一个调查：对于一个总是抱怨的人来说，抱怨的理由几乎随时随地都可以找到。比如：挤车时，有人不小心踩了或者撞了他一下，立刻就会抱怨人家“想找碴”；上班时，老板就事论事地提出了他的问题，立刻就会抱怨人家给自己“穿小鞋”；购物时，商家告诉他某件衣服颜色浅不能试穿，立刻就会抱怨人家“小气鬼”；吃饭时，传菜的服务生撒了几滴汤水在他的身上，立刻就会抱怨人家“不长眼”……就这样，每时每刻，他都把可以拿出来抱怨的事情挂在嘴边，而不会去寻找别的什么话题……

更为重要的一点是，他还把抱怨事情当成了和人谈话的一种形式，即便是在闲聊天气、交通状况、时事新闻、子女等问题的时候也是口若悬河，让人望而生畏，直恨不得立刻遁身逃走！

我把这种现象叫作“以怨养怨”。有抱怨就会有痛苦。有些人因为抱怨而痛苦，再因为痛苦而抱怨，一直循环下去。这样，一个抱怨会引起无数个抱怨，一个痛苦会衍生无数个痛苦。所以，“以怨养怨”是痛苦的泥潭。

一场瓢泼大雨，把一座多年的老房子浇塌了一个角儿。

老房子的主人特别生气跳到院子里，指着天空，破口大骂：

“我的上帝呀！你有眼泪没处洒了不是？攒了这么多，一口气喷下来，把我的房子毁了，衣服湿了，粮食冲了，我没地儿住了，没东西吃了，你就心安了……”

正骂得起劲呢，住在隔壁的邻居出来了，安慰他说：“哎呀，算了算了，上帝也不是故意的。再说了，你骂得挺厉害，可他能听得见吗？”

“哼哼，他当然听不见了，要能听见还不羞愧得一头撞墙死去呀……”

“呵呵，这不就得了嘛！”隔壁的邻居继续开导他，“既然上帝听不见，那你干吗还在那白费劲儿呢？倒不如赶紧找些人手来把房子修一修，然后坐在屋里把衣服烤烤，把粮食抢救出来，也免得再下雨时又出什么意外啊！”

却见老房子的主人一跳老高：“不行，我非得好好骂一嗓，他可把我害苦了，想抬腿一走了之，门都没有……”说着，又破口大骂开了。

就这样，气呼呼地骂了好半天，就是不说修房子的事。结果，又一场瓢泼大雨下来，终于把整座房子给浇塌了。

明知道抱怨于事无补，但还是在一个劲儿地抱怨而不去努力地接受乃至改变。如此，不但凭空增添了不少的痛苦与烦恼，而且还会有更大的破坏作用。想想吧，如果生活中有两拨人：一拨听不见抱怨——批评没有、闲话也没有；另一拨充斥着抱怨——一会批评、一会闲话。一定要从两者中选择其一的话，你会选择哪一拨人去交往呢？

可以相信，绝大多数的人都会选择前者。原因也很简单：在到处都充斥着牢骚的现实生活中，我们正需要一个“不抱怨的空间”！

不可否认，在现实生活中我们会不时地遇上一些让自己恼怒的事情，有时候甚至还会让人目瞪口呆地歇斯底里。但是，抱怨越是不愿意，闭嘴就越难以忍受。每一个人都会面临抱怨难以自制的矛盾，诚然控制抱怨并非易事，然而若让抱怨继续下去就会伤人害己。许多关键时刻，一旦意气用事、率性而为，其后果将难以预料。所以说，陷入“以怨养怨”的恶性循环之后，喋喋不休的抱怨只会使你的生活更加沉闷。如此，就必须想出一个最适合调整自己情绪的办法并形成习惯，从而尽最大可能地去控制自己的抱怨。

有一个小伙子，总会对一些看不惯的人和事大发抱怨。

这一天，正当小伙子又在怨气冲天的时候，他的父亲走了过来，拿给他一袋钉子，并且告诉他："从现在开始，每当你抱怨的时候就钉一颗钉子在院子的围栏上。"

第一天，小伙子钉下17颗钉子；第二天，小伙子钉下15颗钉子；第三天，小伙子钉下了14颗钉子……慢慢地，每天钉下的钉子越来越少了，他发现控制自己的抱怨要比打下那些钉子容易得多了。

终于，有一天一颗钉子也没有钉下，小伙子就赶紧跑去找父亲。父亲却说："从现在开始，只要你控制一次抱怨，就拔出一颗钉子。"

小伙子有些不解，但还是照着去做了。

过了一段日子，小伙子总算把所有钉下的钉子全都拔了出来。

这个时候，父亲笑了起来，说："你做得很好，我的孩子，但是看看那些围栏上的洞吧，将永远也不能回复到从前的样子了。你抱怨时所说的话，就如同这些钉子留下的疤痕，无论做什么那疤痕已无法抹去，伤痛也一样存在，且真实得让人无法承受。"

听着父亲的话，小伙子认真地点了点头。从此，再也听不到他的抱怨了。

智者说："思想宛如一块磁铁，它只吸引与它类似的东西，与你思想相左的东西是不大可能产生的，你的成就首先是在你的思想上取得的。"

同样的道理，如果你想很好地控制并最终放弃抱怨，那么你就必须学会凭借坚强的意志力来替换自己的经验。试想一下，如果你能够把消极、负面的情况当成是积极、正面的机会，那么你就对自己的生命取得了绝对掌控的权力。

在这里，不妨按照心理学家说的那样“训练自己把杯子看成是半满而不是空的”。何为“把杯子看成半满而不是空的”？通俗一点来说也就是：不再问“为什么”，而是开始问“如何”。如果你注意一下自己抱怨时所说的话的语言结构，可以发觉，你经常会这样说：“为什么我的父母不是富翁”，“为什么老板没有让我晋升”，“为什么我不能受到更多的训练”，“为什么我没有做到”，“为什么没人告诉我应该这样做”，“为什么我就找不到一个与我相爱的人”。

所有这些“为什么”对你的影响力很大，它们足以牢牢地控制住你的整个心态和所有情绪，从而让你把生命中很大一部分精力和时间都放在这样的抱怨之中，长此以往就只会加剧你对自己的无价值、无用的恐惧。现在比如说：你可以这样问自己：“我如何才能做到”，“我如何才能让老板给我升职”，“我如何能够不受痛苦”，“我如何能够发挥自己的特长和优点”，“我如何把以往的经历变成一种独特的力量”等。有道是：“有什么样的问题就会有什么样的人生。”当把“为什么”转变成“如何”之后，就能够给你超过你所想象的更有建设性、更富愉悦的人生，当然你也会迅速地看到自己的惊人转变了。

既不怨天尤人也不怨天尤己。从现在开始不要抱怨出身，不要抱怨环境。虽然无法改变生活，但是可以改变自己；虽然改变不了过去，但是可以努力改变未来。如果我们摆脱了“以怨养怨”的恶性循环，那么我们也就改变了我们的生活。

▼ 希尔成功箴言

把我们心中的那盏明灯点亮吧，因为它会照亮我们心底的每一个角落，这样我们就能做阳光的自己，尽情享受健康的每一天。

第 14 章

协作共赢

有合作才会有成功

一个人要想成大事，往往需要与人并肩协作，正所谓“众人拾柴火焰高”。如此一来，就可以发挥各自优势，取长补短，不仅可以壮大自己，而且能够获得更多的朋友，减少竞争对手，为自己创造一个更广阔的成事空间。

合作让自己变得更强大

有时候，与对手联合比与对手战斗更加明智。

——拿破仑·希尔

很多人有这样的经验：爬山时遇到陡而险处，手足并用就能通过。手和足合作才能让人登上山顶。人生处处离不开合作意识，这是成功做事的潜质。我采访过几百位成功人士，其中包括爱迪生、贝尔、亨利·福特和卡内基等世界级的大师。我在研究了这些成功人士后发现，他们非常重视合作：爱迪生的发明常常离不开助手的帮助；卡内基更是离不开股东们的支持……我在这些人身上看到，成功需要合作。

合作是所有组合式努力的开始。一群人为了达成某一特定目标而联合在一起。我把这种合作称为“团结努力”。

吉姆斯刚进公司时，老板对他说：“我知道你在大学里学的是营销专业，所以我安排你负责公司的销售，希望你走好这一步。”

可是，由于吉姆斯是初入销售这一行，客户根本不把他当一回事，认为他太稚嫩，不足以成为他们的合作伙伴。吉姆斯苦恼不已，便向老板征求意见。老板说：“你是职场新人，碰到困难也很正常，只要你和大家联起手来，依靠大家的力量，这种局面一定会得到改变。”吉姆斯一下子豁然开朗：对呀，我怎么光想自己，我们公司不是有200多名员工嘛，他们就是我的坚强后盾。

从那以后，吉姆斯每次介绍自己时都会说：“我是销售经理，我们公司有200多名员工，相信我们团队的服务一定会让你们满意。”

每当客户听了吉姆斯的这番介绍，都会觉得不仅仅是这一个年轻人在为自己服务，所以很容易接纳吉姆斯。吉姆斯的工作也因此越来越顺利。

吉姆斯之所以获得了客户的认可，就是让人们看到了他的团队。相反，一个人要是脱离团队，一定会给工作带来很大阻碍。成功人士都懂得团队的重要性，他们善于与人合作，因为他们知道一个人是无法孤立生存的。所以，要想获得成功，就应该学会把自己融入团队中。

俗话说：“一个篱笆三个桩，一个好汉三个帮。”利用集体的力量远远要比单枪匹马打天下容易得多。因为合作不仅可以扬长避短，风险共担，而且还可以增大双方的力量。这样，往往会取得更大的成功。

摩根说：“竞争是浪费时间，联合与合作才是繁荣稳定之道。”他组织了世界上第一个金融“辛迪加”。

1871年，因为普法战争中法国以失败告终，法国政府要给德国50亿法郎的赔款。另外，还要快速恢复崩溃的经济，这一切都需要资金。于是，法国政府准备发行2.5亿法郎的国债。

法国政府决定让摩根承揽推销这批国债。那么，摩根是如何办好这件事的呢?

摩根的计划是，将华尔街所有大银行联合起来，形成一个资财雄厚的国债承购组织——“辛迪加”，这样就将风险分摊到众多的金融组织头上。这样，风险就很容易被消化掉。

但当时的情况是：人们各自为政，金融界个个见钱眼开，并为一己私利不择手段。各国经济乌烟瘴气。当时人们把这种经营叫作海盗式经营。

其实，摩根的想法正是为了改变这一现状。他的意图是，将各个金融机构联合起来，成为一个信息相互沟通、相互协调的稳定整体。对内，经营利益均沾；对外，以强大的财力为后盾。

摩根的想法一传出，在金融界立刻引起了一场轩然大波。

“他的想法太天真了!”

“金融界的疯子!”

但是，有些人十分拥护摩根，他们认为：“如果大家能联合起来，那么金融投资将朝着健康的轨道发展。”于是在一片争论声中，人们逐渐接受了摩根的建议，并把华尔街的指挥棒交给了摩根。

后来，摩根不仅为法国成功地推销了国债，更是让华尔街建立了金融新秩序。摩根成功的经营战略，至今仍影响着华尔街。

所以说，成功的人往往会着眼于长远，去寻找自己的合作伙伴。合作就是成功的力量。这就像一个人用筷子吃饭，如果只用一支筷子吃饭，那么什么都夹不起来，而用一双筷子，结果就会截然相反。可见，合作能产生大于个体的力量。合作是成功的基本，善于合作，等于踏上了通往成功的快车道。

▼ **希尔成功箴言**

合作是一种精神，它源于信任，且无处不在，更重要的是这种精神所产生的力量是难以估量的，它是推动自己走向成功的不竭动力。

依仗团队：集思广益，众志成城

我的座右铭是：职业不分贵贱，唯才是用。

——拿破仑·希尔

人总会需要某种依靠，这几乎是每个人的心理需求。但奇怪的是，有些人走进一个团队时，往往会选择独处。独处能让人远离纷争，但它让人势单力薄，对成功不利。成功人士都懂得团队的重要性，他们善于与人合作，因为他们知道一个人是无法孤立生存的。要想获得成功，就应该集思广益。所以，我在工作中懂得利用团队的力量集思广益。

有一次，我被一家企业请去主办当年度的企划会议。

的确，在一般人看来，做出一份人人都满意的会议方案是很难的，但我做到了，因为没脑可以借脑，我把会议的策划文案放在了集思广益上。

与筹备人员初步交换意见后，我了解到，以往的筹备方式是先用问卷调查或访谈设定的方式，确定4~5个要解决的以及人们关心的中心议题，然后让各部门主管发表自己的看法。这样的会议看似井然有序，偶尔也会出现相持不下的争论热闹场面，但却没有什么新意。

我认为，会议应该是一个广泛参与的过程。因此，我和大家不仅让众人决定会议的形式，更让所有人来确定会议议题。先由各部门负责人以不记名方式针对主要议题提出方面报告，然后要求部门主管在会前详细阅读，再让他们征询部门员工的意见，让所有人了解所有的问题与不同的观点。这样一来，会议的内容和形式都有一个广泛参与的过程。

两天的会议期间，是一个解决问题的过程。我让主管们首先研习会议主题，其余时间则把心思放在对问题的讨论上。集会不再令人感到无味，人人都表现得很积极。会议让大家对公司面临的主要挑战有更深一层的认识，所有的意见都受到了重视，新的共识逐步成形——会议的效果超出以往任何一年。

其实，一旦体会过集思广益、众志成城的个中滋味，眼前便会呈现一片崭新的天地，人也仿佛脱胎换骨。而且更加确信，未来还会有更多拓宽视野的机会。在这里，我眼中的集思广益，就是利用团队力量的具体体现。人的思维和力量往往具有片面性，只有集思广益，才能把事情做得周全。

从前，有三个传教士共同相遇在一所破教堂里。这座教堂破败不堪，墙壁斑斑驳驳，地面脏乱不堪。

“这所教堂为什么荒废了呢?”三个传教士异口同声地问。

年龄最长的传教士甲说：“必是我们不虔，所以上帝不灵。”

接着，年龄稍长的传教士乙说：“必是我们不勤，所以教堂不修。”

最后，年龄最幼的传教士丙说：“必是我们不敬，所以教徒不多。”

三个人都坚持自己的观点，争执不休，最后，他们决定留下来，各尽其能，看谁能改变这个破烂的教堂。

从此，这三个传教士开始了辛苦的工作。甲传教士主持内务，乙传教士修缮教堂，丙传教士传经布道。他们各自负责各自的事情，都负责得井井有条。不久，教堂人气渐盛，他们拿出一部分钱修建了教堂，先前破败的教堂终于恢复了往日的壮观。三个传教士都争相述说起自己的功劳。

传教士甲说：“都是因为我主持内政，所以上帝显灵。”

传教士乙说：“都是因为我勤加管理，所以事务周全。”

传教士丙说：“都是因为我劝世奔走，所以教徒众多。”

三个人又开始争执起来，而且各不相让。由于他们只顾着争论，忽略了教堂的各种事务，人气渐渐稀少下去。最后，他们不得不各奔东西。就在他们即将告别的时刻，他们才醒悟过来，得出一致的结论：教堂的荒废既不是由于传教士的不虔，也不是由于传教士的不勤，更不是由于传教士的不敬，而是由于传教士的不睦。

也许有人会说，做事最重要的是做好自己的事，没有必要和别人抱成一团，这种想法是错误的。独木难成林。很多事情，单凭一个人的力量会因为势单力薄而难办，依仗团队，事情往往会更顺利。

一件事，往往会跨越多个领域，关系到多个部门，最神通广大的人可能也难面面俱到，罗宾汉式的“独行侠”只是传说，成功需要团队里各股力量的配合。有些人过于炫耀个体的力量，从而忽略了整个组织的作用，他们以为，凭借自己拥有的资本，完全可以挽狂澜于既倒，扶大厦于将倾。实际上，众志成城，把自己放到集体中，你才会是最强大的。

▼ **希尔成功箴言**

只有充分地融入整个组织、整个团队中去，潜能和才干才能得以充分的发挥，才能创造最大的效益，干出大的作为，取得巨大成功。

紫罗杉现象：“团队战略”让工作更高效

一个高效的行动，个人的力量薄弱一些可能无关紧要，重要的是要懂得借助团队的力量。

——拿破仑·希尔

我发现，在自然界，最雄伟的植物当数美国加利福尼亚州的紫罗杉。它的高度大约为90米，相当于30层楼那么高。

按照常理，那些根扎得不深的高大植物，通常是非常脆弱的，只要一阵大风，就能把它连根拔起。因此越是高大的植物，它的根扎得越深。但是紫罗杉的根只是浅浅地浮在地面。

原来，紫罗杉是群生植物，常是上千万株紫罗杉生活在一起，而且这大片的紫罗杉彼此的根紧密相连，一株连着一株。自然界中再大的飓风，也无法撼动成千上万株根部紧密相连、上千公顷的紫罗杉林。

一株连着一株的紫罗杉林给予了我这样的启发：高效率的工作不能只靠自己的强大，还需要借助团队的力量。因此我提出这样一个观点："一个高效的行动，个人的力量薄弱一些可能无关紧要，重要的是要懂得借助团队的力量。"

"二战"后的日本经济发展很快，迅速成为世界经济大国。

为探知日本经济快速发展的秘密，一些西方国家的经济学家对日本企业展开了深入的研究。

最后他们发现，一个日本最优秀的员工绝对比不上欧美最优秀的员工，但是，一个由日本人组成的班组和部门绝对强过任何其他国家的人所组成的班组和部门。也就是说，日本人在合作中产生巨大的力量。

西方的经济学家也找到了西方经济发展缓慢的原因。原来，少数人主导了欧美的企业，工作由上级以命令的形式发布。在个人主义盛行的欧美社会，组织内经常会发生内耗，所以团队的力量被削弱。

德国哲学家歌德说："我不应把我的作品全归功于自己的智慧，还应归功于向我提供素材的成千上万的事情和人物。"科学家卢瑟福也说："科学家不是依赖于个人的思想，而是综合了几千人的智慧。所有的人想一个问题，并且每人做它的一部分工作，添加到正建立起来的伟大知识大厦之中。"

一个人再完美，也就是一滴水；一个团队就是大海。一个有高度竞争力的组织，包括企业，不但要求有完美的个人，更要有完美的团结合作。

鲜为人知的是，通用汽车在杜兰特的主持下，为了向世界推出他们的汽车，他们进行了一场声势浩大的市场推广活动。整个营销中涉及很多方面。活动成功的关键，就是通用营销部门和所有参与这次活动的其他公司有统一的团队精神。

这场营销活动声势浩大，营销传播活动需要投入大量的物力、财力和人力，所以，需要一个步骤协调一致的团队是显而易见的。

很难想象，有 80 多家公司受雇于通用，它们在活动中出谋献策，制定有效策略，让各个部门去执行。另外，还有几千人组成的团队参与了这场营销活动。

为了保证团队的有效运行，通用组织了一支 40 人的团队专门从事整个活动的协调工作。

很快，通用汽车就被更多的人所接受和使用，通用的这场营销活动被看成是经典范例。之所以成功，更是团队合作的成果，可以说，没有通用各个部门、各个层次员工的共同协作乃至社会各界的相互合作，这场营销活动就不能成功举行，通用也不可能那么快就被世界熟知和采用。

我们知道，独行侠的时代早已结束，激烈的社会竞争并不排斥合作。大凡成就丰功伟绩的高效率人士都懂得军团作战的巨大力量。只有懂得共同协作，高效率军团作战的人才能在竞争中保持不败境地。

▼ 希尔成功箴言

一盘散沙难成大业，握紧拳头出击才有力量。任何一支团队，成员之间必须团结一致，大家心往一处想，劲儿往一处使，才能无往不胜。

第 15 章

敢于想象

梦想让你赢得成功

心理学研究表明：人的行为受梦想支配，想要做出什么样的成绩，关键在于自己的梦想。梦想让一切不可能变成可能，梦想可以扭转命运的方向，梦想推动我们不断进取，一步一步走向成功的殿堂。

成功可以从想象开始

一个好的构想具有不可估量的价值。

——拿破仑·希尔

人们发现，世间很多新事物的产生都是想象的结果。小到日常用具，大到奔月飞天，都是按照某种设想践行的。所以，人类的文明是建立在想象中的。人生的成功更离不开想象。

这天，我去采访盖茨博士，到盖茨的实验室，盖茨的秘书告诉我说："很抱歉……这时候我们不能打扰盖茨博士。"

"请你告诉我，为什么这个时候不能打扰他，好吗？"我礼貌地说。

秘书迟疑了一下说："盖茨博士正在静坐冥想。"

我忍不住笑了："静坐冥想，那是什么意思啊？"

秘书笑了一下说："我很难解释，您最好还是请盖茨博士自己来解释吧。"

我决定等盖茨博士出来。

两个小时后，盖茨博士走进房间接待了我。我把秘书所说的话告诉了盖茨博士，盖茨博士说："难道你不想看看我静坐冥想的地方，并且了解我是怎么做的吗？"

于是，盖茨博士领我到另一个房间去，这个房间是隔音的，陈设简陋，里面只有一张简朴的桌子和一把椅子，桌子上放着几本白纸簿和几支铅笔，另外，还有一个可以开关电灯的按钮。

盖茨博士告诉我，自己在遇到困难百思不解时，就会走到这个房间来，关上门和灯，让自己安静地坐在黑暗中，这样就可以全副心思进入沉思的集中状态。他就这样通过“想象”的方法让自己的潜意识给自己一个解答。有时候，灵感会迟迟不来；有时候一下子就涌进他的脑海；为了一个好的想法，花上两小时或两天也是常有的事。等到念头开始澄明清晰起来，他立即开灯把它记下。

盖茨博士重新研究别的发明家努力过却没有成功的发明，使它们尽善尽美，因而获得了200多种专利权。

难道盖茨博士的发明都是靠这样“想象”得来的吗？从某种意义上说应该是这样的。因为想象是一个人成功的工厂，在这个工厂里，可以把原来的想法和已知的事实重新组合，产生新的用途。现代辞典对“想象力”一词的定义是这样的：“建设性智力的行为，把知识资料或思想，集合成新的、始创性的及合理的系统；建设性或创造性的才能；包括诗歌、艺术、哲学、科学及伦理上的想象力。”

可见，想象力对成功与否起到决定的作用。一个好的构想具有不可估量的价值。原因就在于此。

所以说，不妨对自己的未来发挥充分的想象，这种想象，看似不可能实现，但不代表未来不可以实现，它可能是一个人获得巨大成功的萌芽。

一位父亲以替别人放羊来养家糊口。这天，他带着两个年幼的儿子在山坡上放羊。

这时，一群大雁鸣叫着从他们的头顶飞过。

小儿子问："爸爸，大雁要去哪里呀？"

"它们要去南方，因为南方很温暖，能舒服地度过冬天。"父亲说。

大儿子看着在高空展翅飞翔的大雁说："如果我们也能飞就好了。"

小儿子也对父亲说："是呀，要是我们会飞该多好啊！"

父亲沉默了一下，然后郑重地对他的两个儿子说："孩子，只要你们愿意，你们一定能飞起来，那时你们就可以去自己想去的地方了。"

两个孩子把父亲的话牢牢记在心里，想象着自己能飞起来的样子。

几十年后的一天，他们真的飞起来了，他们就是莱特兄弟。

想象力会最大限度地激发人的潜能，让飞翔不再是梦想。如果你愿意，并且发挥你的想象力，你也可以跟莱特兄弟一样，获得人生的成功。想象具有神奇的力量，它可以让人在黑夜感受到阳光，它能引领着人们去追逐一个又一个目标。

想象让人有一种超前意识，其力量不可估量，小到个人的发展，大到人类的进步，想象是一个开端。的确，新事物的出现，首先出现在思想里，然后根据这个思想去设计事实，并逐渐成熟。不信，你可以检查一下自己就会发现，你的很多拥有都是从想象开始的。

▼ **希尔成功箴言**

想象力是人类能比其他物种优秀的根本原因。因为有想象力，我们才能创造发明，发现新的事物定理。如果没有想象力，人类将不会有任何发展与进步。

心有多大，你的成功就有多大

心有多大舞台就有多大，心在哪里财富就在哪里。

——拿破仑·希尔

我在研究那些成功人士后发现，他们成功之前，往往都有自己的理想，然后追逐自己的理想。的确，一个没有理想与抱负的人，便没有未来。所以，我十分重视理想的力量，我始终认为一个人要有抱负，有理想。人有了理想之后，工作就不会觉得辛苦，吃点亏也不会去计较，成功中也会增加很多力量。

约翰的父亲在马戏团工作，所以，约翰从小就必须跟着父亲东奔西跑，一个地方接着一个地方演出。由于经常四处奔波，约翰的求学过程并不顺利。

中学时，有次老师叫全班同学写作文，题目是“最幸福的事”。那晚，约翰洋洋洒洒地写了7张纸，描述他想象中的最幸福的人生，那就是拥有一座属于自己的农场。他为此还画了一张200亩农场的设计图，马厩、跑道等的位置也标得一清二楚，在这一大片农场的中央，他还设计了一栋豪华别墅。

约翰花了很多时间把作文完成后交给了老师。两天后，他拿回了自己的作文，看见上面打了一个又红又大的“×”，老师在旁边还写了一行字：抽空来见见我。

下课后，约翰带着作文去找老师：“为什么我的作文不及格呢?”

老师回答道：“你年纪这么小就做白日梦。你看，你不仅没钱，家庭也没什么背景，可是盖座农场是需要很多钱的。小孩子别太好高骛远了，我想你如果重新写一篇，并且是切实可行的，我也许会考虑重新给你打分。”

约翰闷闷不乐地回家，不知道该怎么做，于是就去征询父亲的意见。父亲听后告诉他：“孩子，这是非常重要的事，你要自己拿主意。”

最后，约翰决定一个字都不改，还是交回原稿。他对老师说：“即使不及格，我也不愿放弃对自己幸福的设计。”

十几年后，和约翰当初设计的一样，他真的拥有了200亩农场，农场中央有一栋豪华的别墅，别墅里面放着约翰念中学时写的那篇作文。

后来，那位老师带着学生来约翰的农场露营。在见到约翰时，老师说：“你读中学时，我曾泼过你的冷水。这些年来，我后悔对不少学生说过类似的话，幸亏你有信心坚持自己的梦想，能够大胆地规划幸福。”

心有多大，成功就有多大。约翰能找到自己的幸福，充分证明了梦想的伟大力量。美国总统威尔逊说：“我们因有梦想而伟大，所有的伟人都是梦想家。他们在春天的和风里，或是冬夜的炉火边做梦。有些人让自己的伟大梦想枯萎而凋谢，但也有人灌溉梦想，保护它们，在颠沛困顿的日子里细心培育它，直到有一天得见天日。这些是诚挚地希望自己的梦想能够实现的人，所以，请你不要放弃，相信自己，也要相信自己的梦想，不要在自己的心里轻易地否决它。”

在一位主管和卡内基主持的一场面试中，有三个应试者脱颖而出。在面试的最后环节，主管问他们：“进入钢铁公司，你们各自有什么打算？”

第一个人说：“能进这么好的企业工作是我一辈子的荣幸，我会尽全力做好自己的本职工作。”主管赞许地点了点头。

第二个人说：“说实话，要是能进入贵公司，我感觉自己的压力很大，因为这儿人才济济。”

第三个人说：“我一直在找能够发挥自己才能的舞台，卡内基先生的钢铁公司正是我发挥能力的好舞台，我会把任何一份工作都当成一个学习和积累经验的机会，为自己的事业做准备。”

卡内基笑着问第三位应聘者：“请您说说，您所指的事业是指什么呢?”

第三位应试者说：“和您一样地成功，甚至超出你，先生。”

卡内基说：“好，一个人的心有多大，他的人生舞台就有多大，既然你有雄心，我就给你提供这个表现自己的大舞台。”

卡内基最终决定同时录用这三位应聘者。

会后，主管问卡内基先生：“您看走眼了。第三个人可能是个狂妄自大的家伙，即使他真的有才能，将来也不会再留在公司，您为什么还要录取他呢?”

卡内基说：“在我看来，一个人能不能取得巨大的成就，关键看他有没有志向，没有志向只有才能的人，也不可能取得大的成绩。他能够在应聘中击败那些竞争者并走到最后，说明他还是有一定能力的。也许像你说的那样，他可能会离开我，可是他为公司创造的利润将会比一般员工大得多。这对我们而言，并没有什么损失。”

后来，就像卡内基说的那样，这三个人中，前两个在工作上算得上兢兢业业，是合格的员工，第三个人因为工作出色，第二年就进入了公司的管理层，为公司的发展做出了很大贡献。几年后，这个人离开了卡内基，成了一家大公司的老板。

志向和才能是成功的姊妹。俗话说：“志有多高，路就有多远!”这就是一个成功者的至理名言。成功的人都是从基层一步步走向成功金字塔的顶端的，他们的成功都有着一个共同的秘诀，那就是让自己拥有一颗高远的心，在广阔的舞台上点亮自己理想的明灯，尽情挥洒自己的才华，最终获得经久不息的喝彩与掌声。

▼ **希尔成功箴言**

人生就好像爬山，最重要的是先给自己定一个高度，如果你只把自己的人生目标定在半山腰，那么你就绝不可能爬上荣誉的顶峰。

有希望和期盼，就会发生奇迹

一旦有了希望，人生才会有目标，才可以在它的指引下，坚持不懈，直到获得自己的成功。

——拿破仑·希尔

鳏寡孤独往往会不思进取，只会坐吃山空，最后在贫困交加中老去。有儿有女的人，常常是勤劳不止，家业富硕，老有所依。从某种角度看，子女是人的希望，所以两种人活出的是两种不同的景象。

有没有希望，决定了人生活的状态。所以法国著名作家莫泊桑说过这样一句话："人是靠希望活着的，当旧的希望变成现实，或者消失了，就会有新的希望继续燃烧起来。如果一个人在生活中没有新陈代谢的希望存在，他的生命实际上也就失去任何意义了。"是的，只要心存希望，就会发生奇迹，就算希望茫茫无期，它也能让人的信念永存。

我认为，一个人眼里充满希望是一种积极的心态，这是成功的源头力量。假如一个人心死了，他也就失去了博取成功的动力。因为有了希望，凡事才有成功的可能；因为有了希望，才会去拼搏。有了希望，人生才会有目标，才可以在它的指引下，坚持不懈，直到获得自己的成功。

每天给自己一个希望，也就是给自己一个目标、一点信心、一点战胜自我的勇气。

亚历山大在远征波斯之前，将所有的财产分给了部下，其中有个大臣惊讶地问道："陛下，你不带点什么吗？"

"我带了希望，我只带希望这个财宝。"亚历山大回答说，"是的，希望是一种宝贵的财富，在顺境中，它让你更有激情；在逆境中，它是你坚持下去的理由，人生因为有了希望而变得更有意义、更快乐。"

希望是成功的催化剂，是一种对未来的憧憬，是人生的活力之源。没有希望，人生就会像没有盐的饭菜一样，索然无味。这正如一位哲人所说的那样："在人的一生中，最重要的财富不是名利，也不是地位，而是那像火焰一般燃烧着的希望。”

有师徒俩人，他们都是盲人，以吉他卖唱谋生。

徒弟整天唉声叹气，觉得自己一无是处，甚至失去了生活的勇气，无法学好手艺。

不久，师傅得了重病。临终前对徒弟说：“有一张复明的药方，我把它藏在你的吉他中，你弹断1000根吉他弦时，你才能取出那个药方。但你记住，你必须是用心地弹断每一根吉他弦，否则，药方就没有效果。”说完，师傅就咽了气。

复明的药方？徒弟似乎看到了复明的希望，于是他牢记师傅的遗言，一直带着复明的希望努力地弹吉他。

就这样，30年过去了，徒弟近50岁了，在他弹断第1000根吉他弦后，他从琴槽中抠出药方。当他满怀期望地等着取回复明的灵药时，伙计告诉他，纸上什么也没有，那张药方只是一张白纸而已。

这时，徒弟明白了师傅的用心，原来，弹断1000根吉他弦，他也就学到了手艺，有了手艺他就有了生存的工具。

不是吗？因为徒弟努力地弹吉他，现在他已经成了知名吉他手，受到很多人的尊敬。

徒弟因为眼盲而对生活悲观失望，甚至失去活下去的勇气，是师傅给了他希望。可以说，正是这个希望才让他成为知名吉他手。

只要满怀希望，很难说世上有什么做不成的事，因为昨天的希望，就是明天的现实。人活在世上，没有希望，就像没有阳光、空气、水和食物一样。那么，希望到底是什么？希望是期盼，是生活中幽暗角落里的最耀眼的阳光，是一直守候在你身边的信念，有了它，就有了生活的方向和动力。

▼ 希尔成功箴言

生命的源泉是希望，希望使人获得了力量，它让人从渺茫空虚的羁绊中崛起，从无奈消沉的困顿中奋起，它使人放飞思想，冲出樊篱，忘却死亡的期限，找到自己新的人生轨迹。

第 16 章

专心专一
忠诚成就自己

拿破仑·希尔说“专心致志以事其业”，这句话所表达的就是“忠于自己的事业”。那么，在成功的道路上，怎么做才是“忠于自己的事业”呢？在笔者看来，“忠”不仅是对事，还要学会对人。

责任心让你成为核心

不论一个人是升至高位，还是屈居低职，都取决于他对环境的控制能力，只要他想控制的话。

——拿破仑·希尔

“我面对那些成功人士发现，这些出类拔萃的人都是具有责任心的人，他们才显得不平凡。我要告诉大家，超强的责任心会让你脱颖而出，所以任何时候都不要逃避什么，你的责任心的大小体现你的成功力的大小。”在一次演讲中，我这样向我忠实的听众表白。

我的意思是，一个人能不能用心去做一件事，很大程度反应在他的责任心上。试想，一个人要是没有责任心，很难用认真的态度去做事，最终也只有品尝失败的苦果。

杰克逊·李是公关部的主管，一次，他得到这样一个消息：公司总部决定安排他到外地去接手一个十分棘手的公关任务。他早就听说这项任务十分难办，公司金牌公关丽斯小姐曾和对方进行过试探性的接触，但看不到任何成功的希望。

对于这个公关任务，作为公司老员工的杰克逊·李也没有把握，为了避免责任，他提前一天请假，让助手主持临时工作。杰克逊·李的想法是：这事不好办，就先让助手顶着。

果然，总部将这个公关任务交给公关部去做，因为主管不在，助手只得替主管去完成这项公关任务了。

事情没有办好，总部询问原因，杰克逊·李便解释说，自己当时请假在家，不知道这项公关任务，所以，一切都是助手去处理的。他将责任推得一干二净。

总部觉得事有蹊跷，就对这件事进行一番深入调查，他们对杰克逊·李的责任心产生了怀疑。因为他们担心杰克逊·李会在关键时候推卸责任，影响公司的运转，不久就将杰克逊·李从主管的位置撤换下来。

杰克逊·李失去了主管的位置可谓是咎由自取，不敢承担责任的人怎么能坐在领导者的位子上呢？所以，卡内基先生这样说："推选我来做质保部主管，是因为我会随时随地把我听到的、看到的关于公司的意见记下来，无论是聚会中，还是在街上。作为一名员工，我都有责任让我们的产品更好，正是我把公司的事当成自己的事，才赢得了公司上下对我的信任。"

每个人都希望自己有一定的地位，是核心人物，可是，只知道追求地位，而不注意承担责任，这样的人是不可能成为核心人物的。

遗憾往往是自己造成的。有许多人本来具有出色的能力，却因为责任心不强，所以业绩平平，甚至还经常出现纰漏。地位是自己挣来的。有一些人，他们勇挑重担，全身心地、尽职尽责地投入到工作之中，个人地位也不断得到提升，最后成为圈里的核心。

韦伯新到一家物流公司做库房的门卫，在办公室的墙上挂着门卫的职责，韦伯看到，门卫的工作非常简单，早晨按时开门，晚上关好门窗，在工作期间不让闲杂人等进入库房就可以了。

一天晚上突然狂风骤起，眼看倾盆大雨就要从天而降。

这时，公司的老板在家刚刚入睡，但他感到十分不安，因为在仓库的院子里还堆放着刚买来的生产设备，如果设备被雨淋湿，会给公司造成不小的损失。

于是，老板起床通知公司的安全科长，要他和自己一起带几个人赶到仓库里抢险。

老板一行人还没有赶到仓库，雨已经开始下起来了。看着瓢泼大雨，老板绝望了。可当他们赶到仓库的时候，老板欣喜地发现，设备已经被帆布盖好了。他们看见浑身湿透的韦伯正在雨中加固帆布，好让设备不让雨淋湿了。老板高悬在半空的心一下子放了下来。

事后，老板对韦伯说着感谢的话，而韦伯却淡淡地说："这是我的工作。"

不久，老板破例提拔他做仓库主管。有些老员工不服气了，因为韦伯来公司时间不长，贡献也不大，几乎没有理由升职。

老板看出了大家的心思，说："韦伯虽然只是一名新来的门卫，但是他忠于职守。上次下大雨，你们有谁来仓库看过一下呢？可能你们觉得，照看仓库不是你们的责任，可韦伯不仅完成了分内工作，还超额完成了自己责任范围外的工作，他是最称职的库房主管！"

韦伯用责任心赢得了老板的信赖，这样有责任心的人，老板要是不器重，又该器重什么样的人呢？所以，责任决定作为，作为决定地位。有多高的地位，就必须承担多大的责任。不负责任的人，很难成为团队的核心；不负责任的管理者，会丧失既得地位。

▼ 希尔成功箴言

勇于负责的人，面对困难不会退缩，只会勇挑重担、全力以赴，用作为证明自己的价值，用作为博得上司的器重，用作为给自己赢得荣誉和地位。

忠于工作：敢于承担错误

对于善意的批评应采取接受的态度，而不应采取消极的反应。接受他人如何看待你，利用这一机会做一番反省，并找出应该改善的地方。别害怕批评，你应勇敢地面对它。

——拿破仑·希尔

我经常说，在执行的过程中，难免会发生错误，这时，是选择担当还是逃避，在很大程度上反映一个人的素质。很显然，我这里所说的“素质”，就是指人获得成功的潜质。在《思考致富》一书中我明确表示，成功者在错误面前总是选择承担，所以，他们成功了。

在现实中，很少有人遵循这条成功定律，有一些人犯了错误后，害怕受到责备，因此想尽办法掩饰过失、推卸责任，不愿意承认自己的过错。殊不知，这样做却是成功的大忌。

吉姆和琼斯同时应聘于一家公司，两人都通过了考核，但职位只有一个，于是，公司决定让他们俩同时做一件事，以便从中选出一个最优秀的人。

主管吩咐他们把一件价值不菲的古瓷及时送到码头，并叮嘱他们路上要小心。

没想到送货车开到半路坏了。看到这种情况，为了按时送到，吉姆下车抱起古瓷一路小跑赶往码头，琼斯跟在后面。跑着跑着，迎面来的一个人和吉姆撞了个满怀，古瓷掉到地上碎了，撞吉姆的人却在两人发愣之际跑了。

琼斯和吉姆都知道古瓷打碎意味着什么。回到公司后，琼斯把事情的原委告诉了主管，并对主管说："主管，不是我的错，是从吉姆怀里掉下来摔碎的。"

主管回答说："谢谢你，我知道了。"

吉姆也向主管叙述了事情的经过，最后说："这件事是我的失职，我愿意承担责任。"

随后，主管把两个人叫到了办公室，对他们说："你们俩都很优秀，但是这次我们经过认真考核，我们决定聘任吉姆。"

"这是为什么？"琼斯问。

"为了及时送到，吉姆能主动抱起古瓷跑向码头，就说明他敢于承担责任，因为谁都不想古董在自己的手上被打碎。”主管说，“不过，选择吉姆也不是我的决定，是公司总裁的意思。”

主管的话音刚落，一个人从办公室的里间走了出来，竟然是把他们古董撞碎的人，他走到吉姆身边，伸出手说：“欢迎你加入我们，小伙子。”

吉姆和琼斯一下子明白了，摔碎的不是什么古董，只是一个用来考察他们的道具而已。

事实上，如果你犯的错误比较严重，知道的人一定不会少，你的狡辩只能让人对你心生嫌恶；如果你犯的错误不太要紧，你仍然企图狡辩，那实在是划不来。

在通往成功的路上，谁都难免要犯错，但犯错误后，要敢于担当，勇于认错。这样的人才会受欢迎。因为主动认错能让同事或上司看到你不推卸责任、勇于负责的品质。

哈维达里是一家商场新招聘的果汁机销售员。尽管哈维达里业务还不是很熟练，但他认真热情的工作态度，受到了经理和周围同事的好评。

一天，哈维达里在销售果汁机时，一时大意，把一台价值1000美元的果汁机，以500美元的价格卖给了一位顾客。

对犯了这样错误的员工，公司是不能容忍的，哈维达里面临被辞退的命运。

有同事提醒哈维达里，他可以向那位顾客追回500美元。或者自己筹齐500美元填补到公司账上，这样，就可以神不知鬼不觉地把这件事给了结了。

哈维达里在一番思考之后，决定向商场经理报告这个重大失误。“你疯了！那样你肯定会被辞退的！”好心的同事提醒他说，但这没有改变哈维达里的决定。

下班之前，哈维达里来到经理的办公室递给经理一个信封说：“经理，今天我犯了一个很严重的错误，把一台价值1000美元的果汁机500美元卖了出去，这500美元请您收下，希望能弥补公司的损失。我知道，公司因此会开除我，我不会有任何怨言的。”

经理听后，看了看他问：“你打算用自己的钱填补那500美元的亏空？”

“这是一定的，经理。”哈维达里诚恳地说，“也许我可以找到顾客让他付这笔钱。但是，我把价格弄错了，这完全是我的错，我应该为自己的错误买单。”

哈维达里的话深深打动了经理。公司也没有因此开除哈维达里，而是让他留在了商场。

几年之后，哈维达里成了商场的主管。

哈维达里用一份责任心赢得了公司的留任。主动地承担自己的过错，与主动接受工作任务一样，表现出的是一个人的责任心。所以，千万不要惧怕伴随错误而来的负面影响，一味地隐藏错误或竭力为自己开脱，只会犯更大的错误。

诚实地承认错误要冒不被谅解的风险，但推卸责任却一定要承担被人轻视的后果。更重要的是，承认了错误还有补过的机会，但敢做不敢当却会使人失去重新来过的机会。敢承担责任，才会受到人们的信赖和尊敬。

▼ 希尔成功箴言

责任心是一种勇气，一种智慧，也是一种力量。勇于承担的人，才能够担负起更多的责任，才能够让人认为值得信赖、值得托付。

一次只做一件事：专注造就成功

专注能产生持久的力量，能使一个人顶得住任何暂时的挫折。只有当专注和自信结合之后，坚韧才会形成。

——拿破仑·希尔

一个人要想做好某件事，就应该专心。而能不能全身心投入去做，是检验一个人对事情专心程度的标准之一。专注是一个人做好任何一件事情的前提！人是不能一心二用的，同一时间，人的注意力不可能对周围的所有事物都产生清晰的、深刻的反应，它只能定向地、明确地注意到某一事物。所以，对一种事物的高度兴趣，是了解它并对它专注的巨大动力。

在繁华的大都市纽约，人潮汹涌，纽约车站更是这样，中央车站问事处更是繁忙得很，旅客都争着询问自己的问题。因此，对于问事处的人来说，他们的工作压力和紧张程度可想而知。可令人诧异的是，柜台后面的那位服务人员一点也不紧张。他身材瘦小，一副文文弱弱的样子，倒是显得有些自然轻松。

“夫人，你想要问什么？”他抬起头把目光锁定一位妇女，“你要去哪里呢？”这时有一位男子试图插个话。但这个问事员丝毫不理，还是继续和那位妇人的话题：“你要去哪里呢？夫人。”“春田。”“是位于俄亥俄州的春田吗？”“不，是马萨诸塞州的春田。”他根本不用看列车时刻表，直接说：“那趟车在10分钟之内，第15号站台出发。你根本不用着急，不用跑，时间还来得及。”“是15号站台吗？”“是的，夫人。”

女旅客刚走，这位服务人员才把注意力集中到刚才那位男子身上。

有人因此请教这位服务人员：“面对众多的人流，你是怎样做到保持冷静的呢？”

他这样回答：“我并不是在和公众打交道，只是在单纯地处理一位旅客的问题，处理完一位，再换下一位，在一天当中，我一次只能为一位旅客服务。”

他的话说得多么富有哲理：一次只为一位旅客服务。这和“一次只做一件事”有着异曲同工之妙。一次只做一件事，就会心无旁骛，就能把事情做好。做事最忌的就是三心二意，见异思迁。如果把有限的精力分散到太多的事情上，那样会疲于奔命，效率低下。因此，我们做事的时候，把自己的精力集中到一件事情上来，尽可能地清除掉一切产生压力或分散注意力的阻碍和想法，把自己的全副精力集中在当前所做的事情之中。

所有的成功都需要专心和专注，都需要投入大量的努力和真诚，正如庄子所说："真者，精诚之至也，不精不诚，不能动人。"一个需要成功相伴的人，唯有做到了"精诚"，才能用自己对工作的专心和专注，去打动成功的心。

▼ 希尔成功箴言

专心干一件事情的时候，那意外的收获已在悄悄地问候你。只有专心致志的人才会取得好的成绩，只有专心致志的工作才可以将你带向成功的顶峰。

你的忠诚可以换来更多的赏识

切断和你过去失败经验的所有关系，消除你脑海中的那些与成功心态背道而驰的所有不良因素。

——拿破仑·希尔

有一次，我采访钢铁大王安德鲁·卡内基："在选择人才的时候，除了能力之外，还有什么是你最在意的？"

卡内基回答："有很多时候，我们会把对公司的忠诚放在第一位。因为一个人的能力是可以提升的，而忠诚则是与生俱来的品德。"

围绕忠诚的话题，我又采访了几个企业成功人士，发现他们不仅自己对公司有着无比的忠诚，还最喜欢重用那些忠诚的员工。

从卡内基等人身上我发现，在任何一个集体，忠诚的人才最受欢迎。我因此总结出这样一个规律："一个人要是没有一份忠诚，他就不会对所做的事有太多的责任心，更不会百分之百地对他的事业或雇主负责。"在我看来，忠诚与否决定一个人有没有责任心。所以，在现实中，人们最喜欢忠诚的人。

在这个世界上，并不缺乏有能力的人，往往缺乏很忠诚的人，更缺少既有能力又忠诚的人。忠诚而有能力才是最稀缺的人才。

现实中，老板们宁愿信任一个能力差一些却足够忠诚敬业的人，而不愿重用一个朝三暮四的人，哪怕他能力非凡。所以阿尔伯特·哈伯德说："如果能捏得起来，一盎司忠诚相当于一磅的智慧。"忠诚是一张进入成功之门的门票。

有人问松下幸之助，在他的公司里，最希望都是什么样的员工。松下回答说："我们的标准是：'德才兼备德为先，忠诚第一'。"

"如果想进入我的公司，请拿出你的忠诚。"这是每一个想到索尼任职的人都知道的一句话，索尼公司的管理层认为：一个对企业不忠的人，有能力也不能录用，因为他可能为公司带来比能力平庸者更大的坏处。

所以，在索尼公司，忠诚的员工最能得到松下的赏识和重用。

“和其他公司不同的是，我所卖的更多是一个创意。新产品的创意是只有那些高级管理者才掌握的机密，假如这些高层对公司没有一定的忠诚度，不懂得保密，那对公司的打击将是致命的。”松下如是说。

的确，每个公司都有自己的商业机密，有些机密甚至关系到公司的存亡，所以，公司对一个人忠诚的需求往往大于能力。很多时候，不管你的能力如何，只要你真正表现出足够的忠诚，你就能赢得更多的信赖和赏识。

在户外广告招标会上，一家广告公司抢夺到了纽约市区地理位置最佳的街道。

但遗憾的是，公司因为做这些广告的前期投入过大，不久出现了财务危机。员工连续好几个月都没有拿到奖金了，很多人对工作也渐渐失去了干劲。有些员工看到公司的困境就辞职了。

又过了一个月，老板鲍勃还是拿不出钱来发工资。员工们很气愤，于是抛弃了鲍勃，集体提出了辞职。

在这些员工走后，鲍勃发现员工哈维斯第还坚守在自己的岗位上，鲍勃问他：“大家都走了，你为什么不走呢？”

哈维斯第说：“鲍勃先生，我还没有递交辞职申请呢。”

鲍勃苦笑了一下，说：“噢，那你把辞职申请给我，就可以走了。”

“不，鲍勃先生，我既然是您的员工，那我就是公司的人，公司遭遇了困境，有我一份责任，请让我和你共同坚持下去吧。至于薪水，等你有钱了再给我也不迟呀。”哈维斯第说。

鲍勃拍了拍这位员工的肩膀，感动得说不出话来。

两个人坚持了一段时间之后，鲍勃实在无能为力，只好将公司低价转让给别人。

在和对方签订转让合同时，鲍勃提出了一个特殊的条件：把哈维斯第留下，让他当市场部的经理。

新公司不解地问：“鲍勃，我手上有的是人才，你为什么要我重用他？他是你的朋友吗？”

鲍勃说：“不，他只是我的一个普通员工。你可能不缺人才，但你一定需要一个忠诚的员工。”

新老板听了鲍勃的介绍，也很赏识这位老员工，接收公司后，如约让哈维斯第担任了市场部的经理。

在成功的路上，忠诚能让人树立起自己的品牌，它能让一个人得到老板的赏识和重用。忠诚不能代替工作能力，但忠诚是一个控制能力发挥的按钮，只有忠诚才可以让一个人的能力发挥到极致。忠诚是一个人在职场最好的操守，当一个人拿出百分百的忠诚时，才会被人认可。

▼ 希尔成功箴言

无论一个人的能力多么强，智慧多么超群，要是没有忠诚，就不会得到老板的赏识。老板用人不仅仅看重个人能力，更看重个人品质，而品质中最关键的就是忠诚。

第 17 章

敢于创新

有一种成功叫出奇制胜

很多人总是利用经验和习惯去工作生活，新思维、新办法很难走进他们的脑海中，有些换个思路就能解决的问题，却因为自己的“守旧”而无法解决。打破思维定势勇于创新，往往能轻松解决很多问题。

创新是一个人最有价值的资本

正确的思维方法就是最好的提高效率的方法。

——拿破仑·希尔

什么是人的资本？不难理解，金钱、房产、学历乃至长相都有可能成为一个人的资本，这些资本都是看得见的。在人的所有资本中，人们往往会忽视一个看不见的资本——创意。

创新是一个人最有价值的资本。当今的社会是信息的社会，起决定作用的是资源丰富的大脑。在社会中，如果想让自己跟上时代的步伐，创新便是我们赖以成功的资本。

我通过对许多成功者的考察发现，他们都存在着一个显著特征：遇事头脑冷静，面对问题思维灵活、解决问题机动多变，总是能找到多种方案，而不是一味地钻牛角尖。也就是说，这些成功者之所以能闯出一片天地，就在于他们惯于充分培养、发挥自己思维的创新能力。所以，我才会说："什么才是一个人成功的资本？一切资本的获得和保持，往往建立在创新的基础上，所以，人最好的资本就是懂得创新。"

威廉在英国的大英图书馆当馆员，馆员的收入不高，再加上家里很穷，所以，尽管威廉头脑灵活、做事勤奋，但还是一无所有。

这一年，让他发财的机会来了。

英国的大英图书馆老馆由于年久失修不能再藏书了，选了新址兴建了一个新图书馆。

启用新馆时，馆长犯了难，因为要想把老馆的图书运到新馆，搬运公司需要350万英镑的运费，图书馆哪有那么多钱呢？

威廉得知这个消息后，就找到馆长说："馆长大人，完成这项工作，馆里还差多少钱？"

馆长说："我们只有150万英镑，还差200万英镑。"

"我倒有一个主意，150万英镑足够搬家了。"威廉说。

"什么主意呀，快说出来？"馆长很着急地问。

威廉说："说出我的好主意是有一个条件的。"

"什么条件，说说看？"馆长更着急了。

"我就用这150万英镑搬家，假如有剩余，那么就要把剩余的钱给我。"

"这个不是什么问题，只要用150万英镑把书运到新馆，剩余多少钱都是你的。"馆长坚定地说。

"你要是同意的话，我们就签订个合同。"威廉知道自己将发财的机会抓到手了。

合同签订好了以后，威廉真的把图书馆给搬了，连50万英镑都没花完。

原来，威廉在报纸上刊登了一条惊人的消息：

"从今日起，大英图书馆的图书可以免费、无限量向市民借阅，但必须在规定的时间内还到新馆去。”

就这样，威廉轻松地赚了100万英镑。威廉用赚来的100万英镑投资了电信业，据说，现在他的后辈是英国电信的大股东之一。

威廉本是一无所有，只是一个创意，就让他有了投资的资本。有时候，再难的问题也能找到解决它的办法，只不过是要开动自己的脑筋，这样，一切问题都不再是问题。很多时候，我们可能一无所有，但只要有创意，我们就会无所不有。

思维决定命运，人生的价值常常体现在创意中。一个人有什么样的思想，就会有什么样的行动；有什么样的行动，就会得到什么样的结果；有什么样的结果，就会有什么样的命运。

一家调查公司的调查显示，成功人士必备的人才特征是：能标新立异、乐于面对工作的挑战和对知识的不断更新增值……很多时候，成功人士是因为与众不同才成功的，而不是成功后才与众不同的。

▼ 希尔成功箴言

很多时候，一个人会因为有出色的创新思维能力，而为自己拓展出一条通往成功的金光大道，或者变成一位不可取代的重要人物。

求新是成功的一条捷径

我们心中所涌现的许多新的想法会使别人觉得我们很狂妄，尤其当我们用新的眼光观察事物时。但如果我们坚持初衷去行事的话，很可能会使我们获得大量的财富。

——拿破仑·希尔

遇到难办的事，就要想“点子”，人们将那些能巧妙解决难题的办法称为“金点子”。创意的价值人们都能看得见，金点子往往与众不同，所以，求新是金点子的最大特点。希腊的哲学家赫拉克黎多士说过：“万物都在流转，连太阳也不例外。今天的太阳已经不是昨天的太阳了。”

可见哲人也都在强调“日新又新”的观念。当然，在我的成功学里，一定不会将“求新”这个让人成功的真理抹杀掉。无论是像卡内基一样的富豪还是像爱迪生一样的发明家，他们成功的秘诀就两个字：求新，求新，再求新。我们为什么要跟在别人后面呢？尝试着与众不同或许你就是下一个卡内基或爱迪生。

求新能促进一个人成功。的确，世界上很多人之所以成功，他们依靠的就是求新这个秘诀。

美国实业家罗宾·维勒说过："我成大事的秘诀很简单，那就是永远做一个不向现实妥协而刻意创新的叛逆者。"从罗宾·维勒的言行中能看到，创新思维对一个人的成功所起的作用是多么巨大。

当时，全美流行一种短帮皮靴，很多从事皮靴业的商家都抢着制造这种短帮皮靴。他们认为，赶大潮流挣钱风险要小得多。

当时，罗宾只是一个小鞋匠，有十几个雇工，经营着一家小规模皮鞋加工厂。

他知道，自己的工厂规模小，要在竞争中分一块蛋糕很不容易。可是他又想在市场竞争中争取有利地位。自己该怎么办呢？

当时，他有两种选择。

一是让自己的皮鞋在质量上胜人一筹。然而，走质量赢人的路很困难，因为自己的产品产量不多，成本比别人高。提高质量必须提高成本，如果再提高成本，他就没有获利的可能。显然，这条道路是行不通的。

二是着手皮鞋款式改革，以新领先。罗宾认为，皮鞋样子的改变只需要设计师改变思维就可以了，成本很小。

所以经过更深入的思考，罗宾决定走第二条道路。

于是，他决定让皮鞋设计师翻新款式。第一次出新产品是每种新款式各制皮鞋 1000 双，立即将其送往各大城市推销。很快，罗宾收到 3000 多份订单。

因为生意好了，罗宾的皮鞋工厂也扩大了。3 年后，罗宾已经拥有几十间皮鞋工厂。新的问题来了，不少订单因为雇不到技术工人而无法给买主及时供货。

罗宾因此召集工人商量对策。他始终相信，人多总能想出解决问题的好办法。罗宾要求所有人都去寻找解决办法，并且宣布对提出解决办法的人进行奖励。

会场很安静，与会者都在不遗余力地为罗宾出谋划策。

没一会儿，有一个小鞋匠站起来怯生生地说："罗宾先生，我认为要是雇不到工人的话，我们可用机器来制造皮鞋，这样可以一劳永逸地解决问题。"

话没有说完，一个老工人善意地对那个小鞋匠说："孩子，用什么机器来造鞋呀？谁会造一种这样的机器呢？"

小鞋匠窘得满面通红，惴惴不安地坐了下去。

没想到的是，罗宾却走到这个小鞋匠的身边，挽着他的手高声说："各位，这个想法非常好。现在，我宣布这个孩子获得了我给予的奖金。"

经过4个多月的研究和实验，罗宾皮鞋工厂的大量工作就被机器取代了。此后，皮鞋工厂不断发展，罗宾成了美国的皮鞋大王。

机械生产在今天看来是必然趋势，很平常。但在罗宾的那个时代，没有人用机器去生产皮鞋，更没有生产皮鞋的机器。罗宾的做法是个创举。所以，罗宾·维勒之所以能成大事，与他时时保持锐意创新的精神是密不可分的。

做事往往有两种方法，一是创新，二是模仿。创新的人，会在别人看不到机会的地方发现新的出路，找到让自己成功的办法；模仿别人，就不会有超越，往往不会取得大的成就。成功的人总是让创新思维活跃在自己的大脑中，时时刻刻为解决难题而想“点子”、找“金点子”，于是，他们成了成功的一群人。

▼ 希尔成功箴言

记住，创新不一定非得完全改变、否定以前的一切。对自己资源的一种全面整合，对自己未知的潜质的一种挖掘，这都是创新。

不迷信经验，懂得打破思维定式

虽然按照经验做事要保险得多，但有时候会让人前进不得。

——拿破仑·希尔

所谓思维定式，是指人们思想的趋势、程度和方式。构成思维定式的因素，主要是认识的固定倾向。这种模板式的思维方式，常常给人带来极大的危害。

在非洲的撒哈拉沙漠里，骆驼自然成为一种最重要的交通工具。在每个撒哈拉养骆驼人家，都有一套人驯骆驼的方法。

当小骆驼出生时，养骆驼的人就要在地上埋下一根木桩，并用鲜艳的红线缠裹，然后把骆驼拴在上面。小骆驼当然不甘对一根小木桩屈服，于是它拼命拉着绳子，前后左右，想把那根小木桩从地下拽起来，但每次的努力都失败了。

几天后，骆驼累得筋疲力尽，渐渐开始屈服了。这时，主人拆了木桩上缠裹的红线，然后坐在木桩上，用手拉住拴骆驼的绳子，不住地抖动。这时骆驼又拼命地拽，甚至连蹄子都拽出了血，可是依旧摆脱不了那根紧拉的缰绳，渐渐地，骆驼再次臣服。再后来，牵骆驼缰绳的人换成了一个孩子，骆驼仿佛看到了希望，开始了新一轮的挣脱。当然，最后它还是失败了。

最后，骆驼彻底驯服了。从这时起，只要主人手拿着一根拴着骆驼的小木棍，随便往地上一插，骆驼就围绕在那根小木棍周围打转，不再做“无谓”的抗争了。

因此，当沙漠风暴突然来袭时，一些骆驼队的人为了防止自己的骆驼被刮走，往往在地上插上一根木棍，这样就等于固定住了骆驼。最后，虽然驼队的主人被巨大的沙暴远远裹走后，但是这些骆驼却寸步不离地守着那根小木棍，等待着它的主人，一天、两天……直到最后被饿死。

有经验是好事，但习惯于经验也会成为人生的束缚，所以不要盲目地推崇“经验第一”。必须拿出破除经验的勇气，以闯出一条新路。的确，先前形成的经验会使人形成固定认识，从而影响后来对事情的判断，形成“思维定式”。

原有的思维习惯使人们在解决问题时不用太多的思考，能减少摸索的过程，让行动更快速；但是，这种固有的思维有一定的刻板性。另外，它容易让人过多地依赖经验，稍有不慎，就会导致人们在解决问题时陷入困境。所以，人一旦养成了某种习惯的思维定式，就会习惯地顺着这种方式去思考问题，不愿也不会转个方向、换个角度想问题，这是很多人的一种愚顽的“难治之症”。

我最初在杂志社从事采访成功人士的工作。从这些成功人士那里采访到杂志社想要的素材，这对于我来说就算是不小的成功了。

一天，我去采访钢铁大王安德鲁·卡内基，采访整整用了三天时间。采访快结束了，卡内基问我：“先生，你对自己的未来有没有什么更好的打算呢?”

“有呀，我要采访到世界上所有像你一样的成功人士。”我回答说。

“不错，到那时你一定是世界上最了不起的记者啦。”卡内基说，“但是，你为什么非要做这样的一个记者呢?”

“这是我的职业呀?”我说。

“难道就不能改变吗? 依我看，你在采访他们的同时，总结他们的成功经验，然后让更多的人学习这些经验，让更多的人成功，这不也是一件不错的工作吗?”卡内基笑着说。

于是，在卡内基的建议下，我改变了原有的想法，从而决定为他人的成功做一点有意义的事。

卡内基的建议让我眼前一亮，是他改变了我人生的走向，让我小有成就。现实中，有人会因为走不出思维定式而走不出可悲的宿命，而一旦走出了思维定式，就会看到许多别样的人生风景。工作中，我们常会遭遇瓶颈，走进困境，这时，试着改变自己的思维习惯，就会走出困境。

为了给大楼加装一部电梯，专家们费尽了脑筋。因为不管怎么设计，不是楼内空间不够，就是会影响到大楼的安全。虽然参与设计的人都是顶级的专家，他们的讨论也持续了近一个星期，但最终还是束手无策。

这天，专家们又在为如何加装电梯而争论不休，旁边倒垃圾的一名清洁工小声说："为什么不能把电梯放在大楼的外面呢?"

一句话让这些专家恍然大悟："是呀，为什么不能把电梯设计在楼外面呢?"

据说，室外电梯就是这个清洁工的创意。

在此之前，电梯都是在室内，所以在加装电梯的时候，人们受到惯有思维的束缚，很自然就想到了室内。这样，专家被难倒了。那位清洁工没有惯有思维的束缚，问题反而解决了。

所以，让自己善于改变思维定式，改变观念。学会根据不同状况改变自己的思路。不善改变思维，在遭遇困境的时候就很难找到出路。只有运用头脑，积极思考，才能够发现机会，创造机会，改变自己的生活，实现人生的目标。

▼ 希尔成功箴言

人性中的偏见和固执往往都源于固定的思维方式，所以，思维定式容易把人的思维引入歧途，给生活与事业带来消极影响。

第 18 章

改良习惯

习惯决定一生

拿破仑·希尔说："习惯能成就一个人，也能摧毁一个人。"可见，人们的行动，多半取决于习惯。一切天性和诺言，都不如习惯有力。当我们的命运面临抉择时，是习惯帮我们做出决定。所以说，习惯决定命运。

好习惯是开启成功之门的钥匙

习惯是一个人独立于社会的基础，又在很大程度上决定着一个人的工作效率和生活质量，并进而影响着他一生的成功。

——拿破仑·希尔

人的习惯各有不同，其在某种程度上决定人的一生，因为习惯对人的一生起着决定性的作用。在我的成功学里，我没有忽视习惯对成功的作用，我一直认为，习惯是一个人独立于社会的基础，又在很大程度上决定着一个人的工作效率和生活质量，并进而影响着他一生的成功。

习惯决定人的一生，好习惯成就人生。

有一次，十几位科学家聚在一起，他们都是诺贝尔奖获得者。有一位记者问其中一位科学家："请问，您能够获得诺贝尔奖，在您看来，让您获得此奖的最重要的东西是从哪里学到的？"

这位科学家沉思了一会儿说："在幼儿园。"

"什么，在幼儿园？在那您能学到什么呀？"记者很惊讶。

"不，你错了，在幼儿园我学到了习惯，我习惯学习，习惯把东西放整齐，习惯知错就改，习惯观察要细心……"科学家回答。

其实，这位科学家的意思就是说：他之所以能获得诺贝尔奖，与从小养成的良好习惯密不可分，这是他成功的基石。一位哲人这样说过：“播种行为，收获习惯；播种习惯，收获性格；播种性格，收获命运。”所以，要成功就要先有一个成功的习惯。学习中的好习惯会让我们的学业取得进步，饮食上的好习惯会让我们的身体保持健康，作息的好习惯会让我们休息好、精神好，有条理的好习惯则使我们的生活井然有序——每一个好习惯都能加持我们的人生，让我们获得不可多得的成功机遇。福特曾经给我说过这样一个故事：

美国福特公司世界闻名，不但使美国的汽车产业引领世界，还在很大程度上改变了美国的国民经济，但是谁能知道这位伟大的福特，进公司的机遇竟然是“捡废纸”呢？

在福特刚毕业时，去一家汽车制造公司应聘，可是一起应聘的人学历都比他高，他当时就觉得没什么希望了。但在他将要进董事长办公室的时候，看到门口有张废纸，非常碍眼，于是顺手捡起扔到垃圾箱里了。

董事长把这些都看在眼里，福特进去刚说了一句：“我是福特，是来应聘的。”董事长就说：“很好，你已经被录用了，福特先生。”这让福特非常惊讶，后来才知道，是他不经意的动作成就了他。

好习惯是成功的特质之一，成功者往往都是因为有一个好的习惯。一个人一旦养成一种良好的习惯，就会形成一个人生命里固有的东西，伴随生命中的每一天。千万不要忽视好习惯的作用，它不仅是一个人事业成功的基石，还会成为人生旅途上打开机遇之门的一把钥匙！

▼ 希尔成功箴言

良好习惯是事业成功、人生取得成就的基础。每个成功的人都懂得如何培养一些良好的习惯来帮助自己，而好的习惯积累多了，自然会有一个好的人生。

小心，坏习惯能够摧毁一个人

习惯能够成就一个人，也能够摧毁一个人。

——拿破仑·希尔

习惯能够成就一个人，也能够摧毁一个人。小习惯常常是会影响大事情的。因此，我们一定要克服自己的不良习惯，别让它毁坏了我们的人生。

习惯左右着人们的思维和行动，它能让一个人一生追求的东西在自己不经意的习惯中灰飞烟灭。

从前，有一个人无意中发现了一张羊皮纸，这张羊皮纸上记载了一个点石成金的秘密：在黑海边上有一块拥有神奇力量的石头，只要拥有这块小石头，就可以把普通石头都变成金子。可是，这块奇石的外貌跟海边普通的石头没什么区别，只是它摸起来是有温度的。

那个人得到点石成金的秘密后，高兴极了。于是，他迅速带着简单的行囊，去寻找这块石头。

经过长达一年的奔波后，他终于到达了黑海，并在黑海岸边寻找那块奇石。刚开始的时候，他把自己遇到的每块石头捡起来，然后又扔到海边。过了一些日子后，他发现，如果这样随地乱扔的话，自己都不知道哪块石头已经被捡起、哪块石头没有被捡起过，这样一来，自己会重复捡起已经捡过的石头。为了防止这样的情况发生，他决定改变方式。当他再捡起一块冰凉的普通石头时，他就随手把它扔进海里去，然后再去捡别的石头。

就这样，一天又一天过去了，一个月又一个月过去了，一年过去了……一块块石头被丢进了大海。转眼之间，他已经在黑海边捡了好几年石头了，可是始终没有摸到一块温热的石头。长此以往，捡石头、扔石头这一过程已经被他练到了炉火纯青的地步。

一天早上，他像往常一样起得很早，早早地就来捡石头。当他不经意地捡起一块石头时，他突然感觉到这块石头是温热的！可是，等他反应过来，已经来不及了。多年的扔石头的习惯性动作，使他把那块奇石已经扔到了海里，就这样，那块载着他一生财富梦想的奇石就这样习惯性地被扔进了海里。

那个人后悔极了，因为后悔失去到手的奇石，最后郁郁而终。

随手将捡来的石头扔出去已经成了那个人的习惯，所以他也将能让他发财的奇石扔进了大海，这是多么可悲啊！所以，莎士比亚说得好："习惯若不是最好的仆人，它便是最坏的主人。"人生中，当坏习惯主宰了你的生活，它就会成为你"最坏的主人"，你的人生就会毁于这个坏习惯。

有这样一则寓言故事：有两个孩子学习理发。刚开始，老师让他们在冬瓜上练习刮胡子。一个徒弟每次刮完后，总是习惯随手把刮胡刀插在冬瓜上，老师看到后，让他不要这样做，可是那个徒弟不以为意，认为现在只不过是刮冬瓜，以后真人他是不会这样做的。

另一个徒弟在每次刮完冬瓜后，习惯抹去冬瓜上的细毛，然后把刮胡刀擦干净，收起来。

五年过后，两个小徒弟都学有所成，开始独立门户，为别人理发了。

但时间不长，那个喜欢把刮胡刀砍在冬瓜上的徒弟就出事了。有一次，他在给人刮完胡子以后，随后把刀插在了那人的脑袋上。杀人偿命，那个徒弟就这样一命呜呼了。

一个坏习惯毁了那个徒弟的一生，实在是太可悲了。可见，坏习惯是人生的顽疾，是阻碍自己成长成功的障碍。因此，要及时发现自己身上种种的坏习惯，只有克服掉那些坏习惯，才能少犯错误，才能变短处为长处，才能趋向完美。

▼ **希尔成功箴言**

苏格拉底说："好习惯是一个人在社交场合中所能穿着的最佳服饰。"坏习惯则是你的敌人，它只会让你难堪、丢丑，给你添麻烦、损坏健康或者导致事业失败。

成功人士必具备的7个好习惯

什么样的习惯，决定什么样的人生。

——拿破仑·希尔

在人的生活中，习惯对人的影响是巨大的，习惯不外乎两种：好的习惯和坏的习惯。好习惯会成就一个人，坏习惯会毁了一个人。那么，哪些好习惯可以成就一个人呢？于是，我研究成功人士的时候，对他们的习惯进行了归纳和分析，发现成功人士具有七种习惯。

1. 养成放松的习惯

我发现，那些成功的人他们的确都十分努力，但是这些人也善于休息。福特会定期去夏威夷度假，洛克菲勒天天会在中午小睡一会，西奥多·罗斯福也会和家人一起去郊游或打猎。

约翰·洛克菲勒有两项惊人的纪录：一是在当时他是赚到财富最多的人，二是他活到98岁。毕竟，有钱有命的富豪很少见。那么，他是如何做到这两点的呢?

后来有人研究发现，长寿是因为他家里的人都很长寿，另外一个原因是，他养成了在中午小睡的习惯。据说，他每天中午都要在办公室里睡半小时。据说，在睡午觉的时候，即使是总统打来电话，他都不会理睬的。

任何一种精神和情绪上的紧张状态，完全放松之后就不可能再存在了。也就是说，一个人如果能善于解除紧张情绪，内心就会平和，就会感到愉悦。所以要防止过度疲劳，就要学会放松，学会休息——在感到疲倦以前就休息。

2. 培养良好的工作习惯

工作习惯，是指在工作中养成的习惯。卡内基是我的引路人，他曾经提醒我要养成四个良好的工作习惯，我把卡内基的提醒看成金玉良言。这四个习惯分别是：

（1）桌上只留下与自己正要处理的事有关的纸张；

（2）做事分轻缓徐急；

（3）遇到问题时，当场解决，不要迟疑不决；

（4）在工作中学会组织、分层负责和监督。

3. 培养良好的睡眠习惯

不论有多强的意志力，累了就要入睡是生理的规律。要想第二天有充沛的精力工作，我建议要遵守下面5条规则：

（1）如果失眠了，那就起来工作或看书，直到困了为止；

（2）不要害怕失眠，因为缺乏睡眠不会死人，只会损害人的健康；

（3）失眠了，可以试着祈祷；

（4）失眠后，让全身放松，看一看《消除神经紧张》这本书；

（5）多运动，因为身体累了，就会很快入睡。

4. 培养胸襟开阔的习惯

我认为，在人生的舞台上，要想做一名焦点人物和扮演重要角色，关键是看这个人的心胸有多宽广。胸襟开阔的人更容易接近成功。

5. 培养勇于纠正自己缺点的习惯

要经常对自己的个性加以检讨，不要放任自己，这样就会成功。因为性格决定命运。经常纠正自己的缺点会让自己趋向于完美，从而让自己更具有成功的潜质。

列夫·托尔斯泰在青年时有一些不良习惯，如贪玩、酗酒和赌博。

但有一天他突然醒悟过来，决心结束自己的放荡生活，并为自己制定了《发展意志守则》。

他每天坚持记日记，并重温以前的日记，检点自己的行为，时常进行自我监督，强迫自己完成每天该完成的工作。最后，他改正了那些不良习惯，终成为一代文豪。

6. 任何时候都从容不迫

在任何场合，如果能够保持从容不迫顺应自然的态度，那么，任何事情都能应付自如。

伟大的人物往往都能临危不乱，能镇定自若地面对突然变故。因为他们知道，如果他们慌了，那么周围的人会更没有主见，以他们为核心的人就慌作一团。因此，在突发事件面前，他们大都会喊一声："慌什么?"这一半是安慰别人的，一半则是暗示自己。

7. 培养运动的习惯

肉体疲倦了，精神也应该随之得到休息。烦躁时，多动肌肉，少动脑筋，其收获将会令人吃惊。

我发现，运动是烦恼的"解毒剂"。这种方法对消除烦恼极为有效。我有了烦恼，就会通过激烈的活动来帮助自己驱逐这些烦恼。

▼ 希尔成功箴言

成功是一种习惯。成功往往是因为好习惯，失败往往是因为坏习惯。成功很简单，只要将好的简单的事情重复做，养成好习惯，如此而已。

勇敢地与坏习惯决裂

改掉你的坏习惯，连续一个月每天减少一项恶习，并在一周结束时反省一下成果。如果你需要顾问或帮助时，切勿让你的自尊心使你却步。

——拿破仑·希尔

我十分注重习惯对人成功的作用。因为一个人的习惯决定他是什么样的人和用什么样的方式做事。很多时候是习惯决定人的一生，决定一件事的成败。的确，一个不好的习惯总会给人带来一个不良的后果。

在大山深处有一对父子以卖柴为生，他们时常赶牛车下山去集市卖柴。老父驾车，儿子眼神较好，看路。山路崎岖，弯道特多，儿子在每个转弯口都会提醒道："父亲大人，转弯啦！"父亲便扯拉车的牛儿，让其转弯。

后来，他们将牛车卖给别人，那人一人驾车。到了弯道，牛却不肯转弯，这人下车又推又拉，用尽各种方法，牛就是一动不动。

买主百思不得其解，跑回去问这对父子："究竟是怎么回事？"父亲百思不解，儿子忽然想起了什么，随买主来到牛车前大声叫道："父亲大人，转弯啦！"老牛这才迈步前行。

这虽然是个笑话，但是却揭示出动物按照条件反射方式生活的规律。人作为一种高级的动物，其实也在受着类似规律的制约——习惯。

习惯决定了一个人生活的方向，一旦养成了不良的习惯，人就会被它拉进一个泥潭。所以，要坚决抛弃那些不良的习惯，这样才能走向成功。

本杰明·富兰克林在年轻时也有一些不好的习惯，比如喜欢和人进行无谓的争论，喜欢和人发生冲突，生活时间没有合理的安排……为了克服这些坏习惯，富兰克林给自己制订了一个戒除坏习惯的计划。

富兰克林将自己所有的坏习惯列在一张表上，在每个坏习惯的后面，附上解决的办法和措施。比如，为了改掉夸夸其谈的坏习惯，富兰克林要求自己做到必须开口时才开口，以此避免了自以为是的空谈。

为了避免浪费时间，他将起床、吃饭、阅读的时间都安排好，使生活有条不紊。

后来，有朋友说他有骄傲情绪，于是，他就把这个坏习惯添加到表上，并给出改正的办法。

开始时，富兰克林每周选出一种坏习惯进行改正，还在睡前进行自我反省，考察改正的效果。某个坏习惯要是在规定的时间内没有彻底改变，那他就再延长改正时间……

一年后，那些坏习惯在富兰克林身上完全不见踪影了。

莎士比亚曾经这样说："不良的习惯会随时阻碍你走向成名、获利和享乐。"富兰克林能成为一个著名的科学家，能成为一代伟人，是与他改变坏习惯、养成好习惯分不开的。

但，江山易改本性难移。改变一个坏习惯需要一定的勇气和毅力。改变一个坏习惯，就是和邪恶斗争，需要一定的勇气和恒心。改正坏习惯很难，但它难不倒成功者，很多成功的人往往都是善于改正坏习惯的人。

保罗·盖蒂是美国的石油大王，不知什么时候起，保罗养成了抽烟的习惯，而且烟瘾很大。

一次，他开车途经法国的时候，因为天下起了大雨，所以他只有停下来住在一家旅馆里，准备在那里过夜，等雨停了再走。在旅馆里吃过晚饭，因为太累了，保罗很快就进入了梦乡。

半夜的时候保罗醒了，他习惯地伸手去摸桌上的烟盒，却摸了个空，他这才发现，这是在旅馆，不是在家。

他下床开始搜寻衣服口袋，希望能找到一支香烟，可结果却令他失望。

天还没亮，超市还没开门，如果要买烟，就要到对面街道上的一家夜市去买。于是，保罗穿好衣服，可就在他拿伞准备出门的时候，他停住了脚步。

保罗站在那儿想：我是一个成功的商人，今天居然为了要抽一口烟，半夜冒着大雨去买烟。保罗沉思了半天，决定不去买烟了，他脱下衣服，上床睡觉了。

后半夜烟瘾难耐，让保罗难以入睡。直到黎明的时候，他才睡去。

第二天，当保罗醒来的时候，已经是晌午了。雨早就停了，行程也因此耽误了很多。

保罗意识到，坏习惯害人不浅，于是他决定改掉这个坏习惯。

对于保罗这个老烟鬼来说，戒烟是多么的难。烟瘾犯了，往往会让他坐立不安，但是他坚持不抽烟。一段时间里，保罗在口袋里装一小盒芥末，想抽烟的时候，就蘸点芥末粉放在嘴里，用强烈的刺激味冲淡烟瘾。有时候，他用跑步的形式去对抗烟瘾。总之，为了不再抽烟，保罗使用了很多办法。

半年过去了，保罗不再想抽烟了，而他的事业越做越大，成了闻名世界的超级富翁。

一个成功的人，必须有改掉坏习惯的能力。正如俄国著名教育家百申斯基所说："养成良好的习惯能使人一生受益无穷，而恶习则会使你不断干蠢事。"让我们从现在开始，勇敢地采取行动，向不良习惯告别！

▼ 希尔成功箴言

如果我们有改变坏习惯的想法，不妨马上行动起来，既不要找借口，也不要等待别人来动员督促自己，拿出勇气，与坏习惯彻底说"再见"。